· 超级思维训练营系列丛书 ·

魔鬼一样的创造

李宏◎编著

符号+逻辑 ——☆—— 等于大智慧

中国出版集团　现代出版社

图书在版编目(CIP)数据

魔鬼一样的创造 / 李宏编著. —北京:现代出版社,
2012.12(2021.8 重印)

(超级思维训练营)

ISBN 978 - 7 - 5143 - 0990 - 4

Ⅰ.①魔… Ⅱ.①李… Ⅲ.①思维训练 – 青年读物②思维
训练 – 少年读物 Ⅳ.①B80 – 49

中国版本图书馆 CIP 数据核字(2012)第 275752 号

作　　者	李　宏
责任编辑	李　鹏
出版发行	现代出版社
通讯地址	北京市安定门外安华里 504 号
邮政编码	100011
电　　话	010 – 64267325　64245264(传真)
网　　址	www.xdcbs.com
电子邮箱	xiandai@ cnpitc.com.cn
印　　刷	北京兴星伟业印刷有限公司
开　　本	700mm×1000mm　1/16
印　　张	10
版　　次	2012 年 12 月第 1 版　2021 年 8 月第 3 次印刷
书　　号	ISBN 978 - 7 - 5143 - 0990 - 4
定　　价	29.80 元

前　言

　　每个孩子的心中都有一座快乐的城堡,每座城堡都需要借助思维来筑造。一套包含多项思维内容的经典图书,无疑是送给孩子最特别的礼物。武装好自己的头脑,穿过一个个巧设的智力暗礁,跨越一个个障碍,在这场思维竞技中,胜利属于思维敏捷的人。

　　思维具有非凡的魔力,只要你学会运用它,你也可以像爱因斯坦一样聪明和有创造力。美国宇航局大门的铭石上写着一句话:"只要你敢想,就能实现。"世界上绝大多数人都拥有一定的创新天赋,但许多人盲从于习惯,盲从于权威,不愿与众不同,不敢标新立异。从本质上来说,思维不是在获得知识和技能之上再单独培养的一种东西,而是与学生学习知识和技能的过程紧密联系并逐步提高的一种能力。古人曾经说过:"授人以鱼,不如授人以渔。"如果每位教师在每一节课上都能把思维训练作为一个过程性的目标去追求,那么,当学生毕业若干年后,他们也许会忘掉曾经学过的某个概念或某个具体问题的解决方法,但是作为过程的思维教学却能使他们牢牢记住如何去思考问题,如何去解决问题。而且更重要的是,学生在解决问题能力上所获得的发展,能帮助他们通过调查,探索而重构出曾经学过的方法,甚至想出新的方法。

　　本丛书介绍的创造性思维与推理故事,以多种形式充分调动读者的思维活性,达到触类旁通、快乐学习的目的。本丛书的阅读对象是广大的中小学教师,兼顾家长和学生。为此,本书在篇章结构的安排上力求体现出科学性和系统性,同时采用一些引人入胜的标题,使读者一看到这样的题目就产生去读、去了解其中思维细节的欲望。在思维故事的讲述时,本丛书也尽量使用浅显、生动的语言,让读者体会到它的重要性、可操作性和实用性;以通俗的语言,生动的故事,为我们深度解读思维训练的细节。最后,衷心希望本丛书能让孩子们在知识的世界里快乐地翱翔,帮助他们健康快乐地成长!

目　录

第一章　动物给人类的启示

魔鬼一样的创造

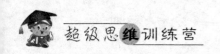

第二章　大自然的启迪

第三章　人类自我的启发

第四章 为了自己的梦想

魔鬼一样的创造

第一章　动物给人类的启示

飞机的出现

大家看飞机的时候，是不是觉得它很像一只大鸟，有宽大的机翼，圆润的机头，就如同展翅飞翔的大鹏。其实，飞机的发明有着许多仿生学的应用，包括鸟类、苍蝇、蜻蜓、螳螂、马、鱼、鲨鱼等等动物的仿生学。所谓的仿生学，就是模仿生物的结构和功能原理，研制发明各种机械或技术。

德国人亥姆霍兹，根据鸟类飞行的原理，发明了能够载人飞行的滑翔机，这对飞机的出现起到了奠基作用。

接着，莱特兄弟在进一步研究鸟儿飞行的基础上，发明了最原始的飞机。他们研究鹈鹕怎样使一只翅膀下落，怎样靠转动这只下落的翅膀保持平衡，以及在这只翅膀上增大压力的时候，鹈鹕为什么依然能保持稳定和平衡等等。

由鹈鹕翅膀得到启发，莱特兄弟心想能否让滑翔机也能更加自由地飞翔。于是，他们在滑翔机装上翼梢副翼，然后站在地面上，用一根绳索控制滑翔机的副翼，让它转动、弯曲，做出一些类似于鹈鹕翅膀的动作。

然后，他们又在滑翔机尾部添加了一个尾翼，这是一个可转动的方向舵，可以控制飞行方向，就好像是鸟类的尾巴一样，这个实验非常成功。1903 年，莱特兄弟制造出了世界上第一架借助自身动力飞行的飞机——"飞行者"1 号。

除了莱特兄弟，英国人凯利也对飞机的发明做出了卓越贡献。他认为要承载重量，飞机一定要有尽可能减少空气阻力的体型。人们在走路的时候就会感受到空气的阻力，可想而知空中驰骋的飞机受到的阻力是多么的巨大，于是他模仿鳟鱼和山鹬的纺锤形体型，为飞机机身设置了阻力小的流线型结构，为飞机体型的设计奠定了基础。

经过几代人的努力，人类终于实现了飞天的梦想，这不仅归功于科学家们的辛劳和创造，更有赖于大自然的生物给我们带来的启示。

蜻蜓和直升机

直升机与飞机虽然功能相同，但发明经过却迥然不同，直升机的出现晚于飞机，这在一定程度上说明直升机的发明难度比飞机还要大。

飞机的出现，满足了人们的飞行梦想，但是飞机是不能在空中长时间停滞，虽然一般的飞机不需要这样的功能，因为当时飞机最主要的功能是进行战争以及表演，最主要的是速度，而不是能够在某一地方停留的能力。但随着时间推移，军事行动对于飞机功能的要求越来越高，飞机的这一缺陷就日益凸显出来，成为科学家们力图攻坚的目标。

科学家们不断进行试验，他们意外发现，蜻蜓虽然和鸟儿一样能够飞行，但不同的是，它们能够在空中长时间悬停。

1907 年 8 月，法国人保罗·科尔尼研发制造了世界上第一架直升机，并在 3 个月后试飞，获得巨大成功。这架直升机的机身上安有两副四叶螺旋桨，能高速水平转动，带动起巨大的气流，实现垂直升空。

但在试飞时，直升机振动得十分厉害，相比一般的飞机，安全性能很差，所以刚开始，直升机并不为大家所看好，认为这是一种既不安全又没用处的东西。

时间推移到 1932 年，前苏联工程师布拉图欣研制了一架高性能直升机，取名为"欧米加号"，这架飞机已经能够很好地执行军事和运输任务，尤其在运输方面，展现出了很好的应用前景。从那以后，直升机才逐渐成为一种重要的飞行工具。

到了现在，直升机已经能够执行许多的任务了，更是被赋予了"坦克杀手"等诸多称号。

海豚的声呐

海豚是一种聪明的海洋生物，它们通过敏感的超声波，能发现几米以外细如发丝的金属丝，或者细小的尼龙绳，还能区别开时间差别极短的两个信号，能轻易觉察百米之外的鱼群，能闭眼在充满障碍物的水池中自由穿梭。

海豚的这种超声波除了能够进行精准的分析外，还有着强劲的"目标识别"能力，不但能识别不同的鱼类，区分黄铜、铝、电木、塑料等不同的物质材料，还能区分开自己发声的回波和人们录下它的声音而重放的声波。

不过，海豚声波的功能不止于这些。首先，海豚声波抗干扰能力极强。大家知道，海中世界，环境太过嘈杂，一般的声波很难解决问题，而海豚的声波抗干扰能力却十分惊人。海豚可以通过提高发声的强度盖过噪声，从而使自己的判断不受干扰。

人类在了解海豚声波的种种功效后，便尝试发明人工声呐，通过声波在水中进行探测、定位和通讯。

声呐技术发明于100多年前。1906年，英国海军的刘易斯·尼克森所发明的一种被动聆听装置，就是人类的第一部声呐仪。当时主要作用是侦测冰山，第一次世界大战爆发后，便被应用到军事上，用以侦测潜水艇。

目前，声呐被各国广泛应用于水下探测、定位、跟踪等方面。各国海军利用声呐探测水下目标，并进行分类、定位和跟踪；或者用声呐进行水下通信、导航。此外，人类在勘探海洋石油、进行水下作业、勘测海底地质地貌时也都不可避免地要借助声呐的作用。

思维小故事

智阻报警

一天夜里,潜伏在 D 国的 A 国间谍 006 回家的时候,发现 D 国反间谍人员正在翻阅他的秘密文件,于是 006 立刻用带有消声器的手枪将对方击毙。

但是百密终有一疏，由于当时窗帘没有拉上，006射杀反间谍人员的情形被住在小河对岸一座孤零零房子里的男子看到了。这个目击者是独居而行动不便的男子，他总是坐在轮椅上，拿着望远镜向河对岸的房子窥视。006以前曾经给他打过几次电话向他抗议。

由于这个男子亲眼目击了整个杀人过程，所以他必定会立刻向警方报警。因此006无论如何也要阻止他，只要能拖延半小时不让他报警，006就可以顺利逃走。

小河对岸轮椅上的男子，唯一能采用的报警办法就是打电话，而006已经来不及跑到小河对岸去把目击者杀死，或是把他的电话线割断。006究竟该怎么办呢？

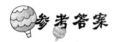 **参考答案**

006可以立即打电话给目击者，等对方一拿起话筒，他就能逃走了。

因为只要不是程控电话，通电话双方有一方如果不把电话挂断，就一直是通话状态，另一方无法打电话给其他人。006过去曾给目击者打过电话表示抗议，所以他肯定知道对方的电话号码。

变色龙的启迪

大家在看电视的时候，是不是发现军人的服装颜色多种多样，有白色、有海蓝色、有天青色，还有各色迷彩服？为什么要这样设计呢？一部分原因是为了美观，更重要的原因其实是为了掩护军人，这一点是人们从变色龙身上获得的启发。

根据环境的不同而改变伪装，变色龙会将肤色变成与周围环境相近的颜色，以隐藏自己，保护自己免受敌人的侵害。这就启迪了人们，在军事战斗中利用保护色来隐藏自己。所以在沙漠中进行战斗时候的服装一般是灰色，在密林中的大多是深绿色的，而在海中的则是白色或者是蓝色的，都

是这个原理。

不过变色龙给人类的启迪还不止这些,科学家们研究发现,变色龙的变色除了具有保护作用以外,还能够传递某种信息,随时警示周围同伴。在这一提示下,科学家发现可以利用不同的颜色的匹配来传递信息,于是人们发明了信号灯、旗语等方式交流信息。

野猪的"防毒面具"

野猪的鼻子坚韧有力,可以挖掘洞穴,可以作武器,甚至能够推动几十千克的重物前进。

此外,野猪的鼻子还是一种天然的"防毒面具",能够过滤有毒气体。

第一次世界大战爆发,德军用氯气制造了许多毒气弹,在比利时伊普雷战役中首次使用。英法联军在被黄绿色的氯气毒雾笼罩下,纷纷中毒,有5000多士兵身亡,德国大获全胜。

事后人们清理战场,发现除了有士兵中毒身亡之外,附近的许多飞禽走兽也被殃及,都被毒死了。但人们发现了一个奇特的现象,那就是在毒气飘过的地方,野猪几乎全都安然无恙。

野猪为什么能躲过毒气的浩劫呢?这引起了科学家的注意,经过反复观察和试验,科学家们发现并不是野猪对毒气有先天抵抗力,而是野猪用鼻子拱地的天性在关键时刻保护了它们。

原来,野猪在闻到刺鼻的毒气后,就本能地用那突出的大鼻子拼命拱地,土被拱松后,野猪就把鼻子插进泥土里,松软的土壤颗粒,吸附并过滤了毒气,这才使野猪避免了灭顶之灾。

科学家们受此启发,不断进行试验,1916年,终于由前苏联化学家捷林斯基研制出了世界上第一代防毒面具。这种防毒面具,外形类似野猪鼻子,里面装有活性炭。这些活性炭吸附有毒物质的能力比土壤颗粒更强,同时还能保持空气畅通。

有了防毒面具,苏联军队在战场上便不再惧怕德军的毒气攻势,战争局面扭转,各国因此竞相仿制,防毒面具也逐渐成为军事上的常备用品。

毒蛇的"热眼"

毒蛇是一种冷血动物,但却有一对"热眼",我们看事物,只能看到外部的形态,而蛇眼却能够透过躯壳,透视人体热量的变化。

在它们眼中,人体只是一个温度分布表,而且人的任何动作和情绪变化都会引起温度的变化,时而剧烈,时而稳定,即使是最细小的变化也瞒不过毒蛇的眼睛。因此,一旦环境产生热度变化,就意味着有猎物靠近,它们就会毫不犹豫地发动进攻。

根据毒蛇的这种特性,科学家们发明了微型红热传感器。这种传感器能够很好地分辨出周围温度的变化,并用不同颜色来标示不同的温区。有了这样的传感器,导弹就能实现定点攻击,改变以前狂轰滥炸,效率低下的状况。

除此之外,用于防护措施的红外线,检验钞票的红外线,电子警犬、定位仪或狙击枪上的红外线夜视仪也都是根据毒蛇的热眼研发而来。

思维小故事

锁进保险柜里的证据

有一天晚上,A 正在办公室里独自饮酒,突然有个猛汉闯了进来。

"别动,我要杀死你!"

说着那位壮汉拿出了手枪,就在将要扣动扳机之时,A 却若无其事地说:"先等等,我想知道是谁叫你来杀我的?"

"这个……你,你管不着,那人要付给我一大笔钱。"

魔鬼一样的创造

"那么，我出 3 倍的钱，买自己的命，你觉得怎么样？"

这汉子一听 A 要出 3 倍的钱，心里动摇了。

A 又倒了一杯酒，说："来一杯吧，我向来说话算话。"

那汉子接过酒一饮而尽，但手中的枪仍然对着 A。

A 指着角落的保险柜说："钱就在柜子里，你……"

"你自己打开它吧。……不！慢点儿，那里面有枪吗？"那汉子说。

"怎么可能！再说你可以自己把钱拿出来。"A 边说边打开保险柜，那个汉子把一叠装有钞票的信封拿出来。当那人在看信封中有多少钞票时，A 把保险柜的钥匙和酒杯放进保险柜里面，然后关上了保险柜的门。

A 立即转身对那汉子说:"信封里面没多少钱,但你现在不敢杀我了。如我死了,警方会立即把你拘捕,因为保险柜里锁着你留下来的重要证据。"

那汉子勃然大怒,然后又冷静地想了想,最终还是乖乖地溜走了。

请你想想,保险柜中锁着什么证据呢?

参考答案

A 把玻璃杯和钥匙锁进保险柜,玻璃杯是重要的证据,因为那人的指纹和唾液都留在玻璃杯上,这就能使警方很快找到犯罪嫌疑人。

蛤蟆夯

青蛙是一种擅长跳跃的动物,它们有着强健的后肢和跳跃能力,跳跃高度可以超出身体的高度很多倍,而弹跳时对地面所产生的冲击力也是十分巨大的。

根据青蛙的跳跃特点,人类制作出来了蛤蟆夯(hāng),这是一种专门用来坚固地基的设备,可以在很大的程度上坚固地基,让房子更加结实和牢固。

蛤蟆夯的工作原理和青蛙的跳跃是一样的,在工作的时候不断上去下来,用巨大的冲击力去冲击地面,以使泥土在不断的压打之下,变得更加紧密结实。

在建新房和高楼的时候,各位朋友一定会听到撞击地面的巨大声响,那就是蛤蟆夯发出来的。

"企鹅王"越野汽车

"企鹅王"越野汽车是一款山地越野车,是前苏联的动物研究所根据企鹅在冰原上行走不打滑的原理制造出来的。

企鹅是一种生活在冰天雪地的极地生物,它们宽大的脚掌能够在很滑的冰面上随意行走,平滑的前胸可以让它们在冰面上平稳地滑动。而在极地中的科学家们,却只能无奈地选择最为艰苦的方式前进,充当运输车的冰车也难以满足专家们运送大量物资的需求。

艰苦的环境刺激了科学家们的研究热情,而企鹅则给了他们研究的启示。他们发现企鹅的羽毛是交叠在一起的,不仅能够很好地保护企鹅免受冻害,还能让企鹅在冰地上快速滑行。仿造这一特点,科学家们研发了"企鹅王"牌极地越野汽车,汽车的底部十分宽阔,底盘直接贴在雪面上,用轮控制前进,时速可以达到 50 千米,快且平稳。

太空机器人

太空机器人是人类专门为探索太空而制作出来的机器人,这些机器人能够执行高难度和高精准要求的任务,在环境恶劣的太空中,也能正常工作。

在设计太空机器人的时候,为了能满足这些要求,科学家们对各种昆虫进行了研究,仿照昆虫的各种特性终于制造出了种类不同的太空机器人,比如类似蜘蛛的小型太空机器人,这类机器人能够在空间十分有限的条件下进行作业,如维修故障。

澳大利亚国立大学的科研小组通过对几种昆虫的研究,研制出小型的导航和飞行控制装置。这种装置可以用来装备用于火星考察的小型飞行器。

思维小故事

不翼而飞的邮票

从前有兄弟3人，他们有一个共同的爱好，就是收藏珍品。老大喜欢收藏古玩，老二喜欢收藏邮票，老三喜欢收藏书籍。他们家有一个很大的玻璃柜，大家都把珍品放在柜中共同欣赏。这个柜的钥匙放在一只很精致的小铁箱中，小铁箱藏在一个十分秘密的地方。

魔鬼一样的创造

有一天,老二带了一个朋友回家,准备让他欣赏自己最近收藏的一张稀有邮票。

老二当着朋友的面,从铁箱中取出钥匙打开柜子,拿出邮票给朋友欣赏。这位朋友也是收藏邮票的爱好者,他对这张邮票爱不释手,央求老二高价转让给他,老二坚决不同意,这个朋友只得作罢。老二又小心翼翼地把邮票放回柜中锁好。

过了几天,老二又想取出那枚邮票再欣赏一番,但他吃惊地发现邮票已经不翼而飞了,而柜子依然锁得很好。于是他立即报警,警方在现场找不到一丝线索,因为凡是应该留下指纹的地方,包括钥匙上面,都被抹得干干净净。但正因为如此,警方推断出邮票是老二的那位朋友偷去的。

你知道警方为什么这样推断吗?

参考答案

知道钥匙在什么地方的只有老大、老二、老三和老二那位朋友,而老大、老二和老三用过钥匙都不必抹去指纹,因为他们平时在上面已留有指纹,只有老二那位朋友唯恐留下指纹被发现,所以才会抹去。

能够潜入水下的潜艇

1680 年,意大利著名发明家博列里,通过仔细观察,发现大部分鱼类在水中上浮下沉,是通过缩小或者膨胀鱼鳔来调节体重的。

根据这一现象,博列里进行了深入的研究。他发现当鱼要浮上水面时,就会放松全身肌肉,使鱼鳔变大,鱼鳔很快就会充满空气,直到鱼所受到的浮力比它的重力和海水压力大为止,这样就浮出水面了;相反,如果鱼类收缩肌肉,使鱼鳔变小,浮力也会随之减小,鱼就会下沉,而如果鱼鳔内的气体使鱼体浮力和重力相等,就会停留在原地,既不上升也不下沉。博列里根据这种特殊原理,制造了一艘潜水艇。

随着技术的不断发展，潜水艇的式样也越来越新奇。现代潜艇设置有专门的"压载水舱"，位于外壳与内壳之间。压载水舱相当于鱼类的鱼鳔，可以调控潜艇上浮或下沉。而且，现代的潜水艇的潜水深度大大增加，速度也得到很大提高，相比原始的潜水艇功能更为强大。

鱼鳔就是鱼腹中一个类似于气球的物体，呈白色，不过，它会轻易被捏破。

夜蛾的绒毛

隐形战斗机实际上并不能隐形，它们只是通过飞机表面的形状和涂层，躲避开雷达以及红外线等先进技术的扫视而已。

在电子对抗技术高度发达的今天，雷达、红外线、激光制导等技术的运用，使得飞机还没有起飞，对方就知道飞机即将"光临"，各种火炮或拦截飞机的导弹便已严阵以待，这就对军事行动和战斗机本身构成了致命威胁。

为了保住世界霸主地位，抢占制空权，美国国防部要求科研机构务必研发出能躲避雷达扫描的飞机。

当时的雷达技术已经十分先进，要想躲开雷达的扫描，简直难如登天，美国科研机构因此一筹莫展。不过，聪明的总工程师还是找到了突破口——从研究雷达入手。他知道，雷达是受蝙蝠超声波的启发才发明出来的，而夜蛾却能巧妙地避开蝙蝠的追踪，这是为什么呢？经过查阅各种资料，他发现，原来夜蛾的身上有种感觉绒毛，能避开蝙蝠的"回波"。

也就是说，要想避开雷达，关键是要避开回波。

做好一切准备和保密工作后，美国军方的研究工程正式启动，代号为"臭鼬工程"。他们先从外形着手，通过改变飞机外形，降低回波强度。

他们把钝头形的飞机机头改成尖锥形，又把座舱与机身融合到一起，同时去掉武器、吊舱和副油箱等外挂物，使整个飞机看起来犹如一只宽大的黑色蝙蝠，尾翼呈燕尾形。

接着，美国人又在机身上涂了一层"吸波材料"，让照射到飞机身上的

雷达波转化成热能散失掉,这就像夜蛾身上的"感觉绒毛"。

就这样,隐形战斗机就诞生了,成为美国侦察刺探、争霸领空的秘密武器。

吃章鱼吃出来的凹形鞋

大家仔细观察,就会发现章鱼的爪子上,有许多吸盘。这些吸盘能够将章鱼的身体固定在一定的位置上,稳稳定住。日本人鬼冢喜八郎由此产生灵感,发明了一种凹形运动鞋。

20世纪50年代,日本的体育运动蓬勃兴起。市场上各种各样的运动鞋成为热销商品。当时,一个名叫鬼冢喜八郎的人很会捕捉商机,他看到运动鞋的需求量越来越大,心想要是能制造一种独特的运动鞋,一定能占有市场。

有一次,他应朋友之邀去观看一场篮球赛。他询问选手们运动鞋还存在哪些缺点,以及对运动鞋有什么要求。选手们一致认为,现在的运动鞋止步不稳,经常打滑。

"对,集中目标,专门研究篮球运动鞋,只有采取这种集中目标攻关的做法,才有可能与大公司竞争。"鬼冢打定主意。

于是,他开始专心研究篮球运动鞋。为了体验各种鞋的效果,他还经常和选手们一起打篮球,发现这些鞋在运动时,不能随时止步,因而造成投篮不准。他便细致研究起什么样的鞋底花纹能有效止步,防止打滑。

鬼冢喜八郎四处走访,甚至对急刹车时的汽车轮胎也作了一番研究。可是几个月下来,他没有任何收获,心里非常苦恼。

这天中午,他来到一家海鲜馆,买了一盘章鱼。吃着吃着,他发现章鱼的腕足内侧有个大吸盘,顿时脑中一亮,想起乌贼、水蛭等动物的身上也有这样的吸盘器官,这些动物依靠这些吸盘可以使自己附着在其他动物身上。

"对,把鞋底做成章鱼这种吸盘式的,就能够最大限度地增加鞋底的摩擦力了。"鬼冢为自己的灵感感到无比兴奋,决定模仿动物吸盘制造出一种新式运动鞋。

经过反复试验,吸盘形运动鞋终于制成了,至今仍在流行。

思维小故事

劫匪的圈套

由于生意上的意外失败,杰克和米勒把他们几年的积蓄全亏光了,还欠下了巨额债务。现在他们住在一间又破又黑的小窝棚里,每天还有一大堆的债主追在后面。

杰克再也无法忍受这样的生活,决定铤而走险,抢劫保险公司每天下午5时准时开出的运钞车,然后再带着钱远走高飞。他拉米勒一起干,答应事成以后分给他一半的赃款,米勒考虑再三,终于同意了杰克的提议。

在运钞车经过的路程中,有一段是两个街区的交界地段,行人稀少,很少有巡警出现,杰克和米勒决定在这里下手。

这天下午5时刚过,运钞车和往常一样从远处驶来,直到转过弯角的时候,司机才猛然发现前面有块巨大的石头!转弯已来不及,运钞车重重地撞到石头上停了下来。

就在这时,杰克和米勒持着手枪冲了上去,逼迫两名押运员趴在地上,然后他们一人扛起一袋钱,跳上早就准备好的摩托车,风一般地溜走了。

这时,身后突然想起了一阵警笛声,原来刚巧有巡警路过,看到撞坏后被抢的运钞车,立刻开足马力追了上来,杰克和米勒左拐右拐,甩开了巡警开的那辆老式警车,巡警立刻通知其他巡警封锁所有公路出口,看来杰克和米勒是插翅难逃了。

杰克也想到了这一点,他和米勒立刻丢弃摩托车拐到乡村农田里,接着往田埂上逃窜。就在前方,他们发现一座空无一人的农舍,农舍外有口

魔鬼一样的创造

很深的古井,杰克突然想到了一个办法。

他对米勒说:"我们一直这样跑,肯定会被抓住,不如到农舍里去。我假装是农舍的主人,一会儿警察来的时候,你就用防水袋套住钱,含上一根吸管,躲到水井里去。要是我不幸被抓住,钱就全部归你。"

米勒有点犹豫:"这样行不行呢?警察恐怕没有那么好愚弄吧,再说井水那么深——"

杰克打断了他的话:"笨蛋,难道你想被抓住吗?井水深怕什么,我会给你一根很长的管子。"

听到远处隐约响起来的警笛声，米勒只好同意了。杰克把一根长3米、口径不足2厘米的管子交给米勒，帮他捆扎好钱放下井里，他自己却没有像他说的那样装扮成农舍的主人，而是到田地里躲藏起来。

半小时后，警察开始搜查这座村庄。虽然杰克隐蔽得很好，可是警犬还是凭借灵敏的嗅觉迅速找到了他。杰克马上就把米勒供了出来，当警察把米勒从水井里打捞上来的时候，发现他早就溺死了。

警长询问了米勒躲到井下的前后经过，对杰克说道："你真是心狠手辣啊，为了独吞钱财而杀了他！现在，除了抢劫，你又添了一项故意杀人的罪名。"

聪明的读者，你们知道警长为什么这么说吗？米勒好好地待在井底，为什么说是杰克杀了他呢？

参考答案

管子只有2厘米粗，却有3米长，这样狭窄的空间根本无法完成空气交换，米勒吸入的正是他自己呼出的气体，所以在井水里溺死了。杰克想借这个机会除掉米勒，自己独吞劫款，可他的奸计还是被聪明的警长识破了。

产生冷光的"细菌"

当台灯亮了很久，我们伸手摸一摸，是不是会觉得烫手呢？一般的电灯在发光的同时会散发热量，所以一段时间后摸起来温度会很高。但是有一种冷光灯，在打开时却不会使温度变高。他是由著名的科学家波义耳发明的。

波义耳生活在17世纪，他对细菌非常感兴趣，一天，他随手将许多会发光的细菌装在了一个瓶子里。到夜晚，这些细菌发出的光，居然照亮了整个屋子，并且这种光丝毫不会散发热量，也就是我们现在所说的冷光。

"要是用它来照明，那该多好啊！"波义耳心想，"蜡烛没有空气就不能

燃烧,那么细菌发光会不会也和周围的环境有关呢?"

于是,他做了一个实验:用气泵将瓶子里的空气一点点儿地往外抽。结果发现,这些细菌发出的光亮越来越暗,直至消失。

"细菌发光难道也与空气有关系?"波义耳自言自语,便又把空气慢慢输入瓶中,细菌果然又亮了起来。这说明细菌发光同样离不开空气。

此外,他还发现,在发光的细菌上有一种特殊的物质——荧光素,这种荧光素在荧光酶的催化作用下,与空气里的氧气结合,就能发出一种光,而且这种光的最大特点就是不会产生热量。

后来,人们根据波义耳的这个发现,用化学的方法制造出了一种新的光源——冷光。虽然冷光的直接发明者不是波义耳,可是其功劳却被载入了史册,现在所有的冷光技术几乎都是根据波义耳发现的细菌的原理发明的。

响尾蛇导弹

喜欢军事的小朋友都知道,在导弹家族,"响尾蛇"导弹最为著名。只要天空中有飞机在飞行,"响尾蛇"导弹就能捕捉到飞机散发的热量,跟踪追击,直到把它炸毁……毋庸置疑,"响尾蛇"导弹是飞机的"克星"。

那么,"响尾蛇"导弹是怎么发明出来的呢? 想来许多朋友已经从名字中猜想出来,它是科学家从响尾蛇得到灵感创造出来的。

生物学家在研究响尾蛇时就已经发现,响尾蛇这种动物的眼睛虽然退化到了几乎看不清物体的程度,但它却饿不死。它依然能准确、迅速地捕捉到猎物,即使是田鼠那样行动敏捷的动物也不例外。

响尾蛇这样的"特异功能"立刻引起了生物学家的注意,它到底是怎样发现猎物的呢? 经过研究,生物学家发现,响尾蛇的眼睛与鼻子之间有一个小颊窝,对周围的热源特别敏感,即使是十分微小的变化,它都能察觉出来,并能测定出热源的方位。

生物专家的研究成果给兵器学者带来了许多启发,他们想到只要物体

— 18 —

有一定的温度,无论温度高低,都会发射出一种看不见的红外线,红外线强弱随温度不同而不同。

如果能够利用响尾蛇根据物体发热来追踪猎物的原理,制造出一种类似于响尾蛇的导弹,专门用来跟踪飞机,只要飞机的发动机在工作,散发出或多或少的热量,导弹就能准确地瞄准它,并紧紧跟踪,直到炸毁它为止,那该是多么理想的武器呀!

现在,这种导弹已经名扬世界了,成为攻击飞机的一种利器。

小老鼠带给人类的人造血

鲜红的血液是宝贵生命的象征,人体如果流失血液过多或血液出现问题的话,健康就会响起警钟,甚至生命也会遭遇危机。

为了进一步保障人们的健康,科学家们一直在研究能够替代血液的人造血。但是血液奥秘太多,许多年过去,研究却没有丝毫的进展。

就在科学家们一筹莫展的时候,一只未被淹死的老鼠给人造血的科研工作带来了新的转机。

一天,美国科学家利兰·克拉克正在医药实验室里做实验,一只实验用的老鼠突然从笼子里逃了出来。克拉克转身去捕捉老鼠,老鼠仓皇逃窜,掉进了一只装有氟碳化合物的容器。克拉克担心老鼠被淹死,连忙去捞,老鼠不断挣扎,好一会儿,克拉克才把它捞上来。

在氟碳化合物中挣扎了半天的老鼠居然活蹦乱跳,丝毫没有要死的迹象。

为什么容器里的液体没有将这只老鼠淹死? 克拉克大感疑惑,立刻找来仪器,测量出容器里的液体,是一种名叫二氟丁基四氢呋喃的溶液。这种溶液的溶氧能力特别强,约为水的 20 倍,氧的溶解度占其体积的 40% ~ 50%,就是这样的溶液才让老鼠得以维持较长的生存时间而没有被淹死。

为了证实这一推论,克拉克特意捉来几只老鼠,把它们浸泡在该溶液深处长达两小时,再捞上来时,老鼠们依然活蹦乱跳。后来,克拉克又将这

种溶液注射到老鼠体内,替代老鼠的血液,老鼠也存活了好几个星期。

为什么这种叫做二氟丁基四氢呋喃的溶液能代替血液呢?原来血液在体内循环时,最主要的功能是携带氧气进入体内,通过毛细血管,将氧气送到各个器官组织的细胞里进行生物氧化反应。这种携氧工作是由血液中的血红蛋白来完成的,所以人造血又称人造血红蛋白液。

只是克拉克研制的人造血还不能在临床上投入使用,因为二氟丁基四氢呋喃溶液颗粒太大,输入体内后就不能排出体外,会在器官沉淀下来,导致人体慢性中毒。不过这次实验的重要性却是不言而喻的,正是那只"淘气"的小老鼠让人类对人造血的研究迈出了重要的一步。

随后,美国科学家又找到另一种氟碳化合物作为人造血材料。这种化合物叫全氟萘烷,它可从尿道和汗腺排出。但科学家发现这种溶液有堵塞微血管的副作用,几经试验,才找到解决方法:在全氟萘烷溶液里加入少量的全氟三丙胺再经人工乳化,就能解决上述问题。

1979 年 4 月,日本一位病人失血过多,医生们用这种人造血给他输血,并获得成功,这是世界上第一例给人类输入人造血的手术。

思维小故事

飞机机翼上的炸弹

一天夜里 23:00 时,一架波音 767 大型客机正由波士顿飞往西雅图途中,这时大多数乘客都睡着了,只有少数乘客还醒着,而这班飞机的一个空姐却注意到坐在 20 排 B 座的身穿黑色西服的秃顶中年男人,显得焦躁不安。他不停地左右张望,又好像在犹豫什么。

空姐悄悄叫来机上的乘警商量,他们越看越觉得可疑。飞机上的温度维持在舒适的 25℃,可是这位乘客还捂着厚厚的毛衣和外套,难道他在隐藏什么东西?出于安全的考虑,乘警走到他面前说到:"先生,需要帮忙吗？"

这个男人吃了一惊，结结巴巴地回答道："不、算了，不、不要！"

他的表现更加重了乘警的怀疑，乘警不禁加重了语气："可以请你到机舱后面来一下吗？我们有事情需要你配合。"

那个男人一下子变得脸色惨白，他缓缓站起身，突然，他从腰间掏出手枪，叫道："举起手来，转过身去，不要靠近我，滚开，都滚开！"

就在乘警按照持枪者要求转过身去的时候，坐在 21 排 B 座的一名小伙子，趁持枪者不备，猛然勒住了他的脖子，一只手钳住手枪，乘警迅速将手枪夺了过来。

就在乘警向 21 排那位见义勇为的好青年道谢的时候,持枪男子冷冷地开口说话了:"别高兴得太早,这注定是一班飞向地狱的班机,我早就在飞机上绑上了气压炸弹,只要飞机从万米高空下降到海拔 2000 米以下,炸弹就会把飞机炸成碎片。"

乘警连忙跑到舷窗边一看,机翼下方果然有两枚黑色的炸弹!怎么办?在万米高空根本无法拆除炸弹,而飞机不可能永远不降落,汽油是会耗尽的!难道只能束手待毙吗?乘警忙将这个坏消息告诉了机长,机长思索了一会儿,果断地掉转了航向。

一小时后,飞机呼啸着降落在机场,全体人员安然无恙,持枪男子目瞪口呆,他实在想不通,灵敏的气压炸弹怎么会没有爆炸?聪明的读者,你知道这是怎么回事吗?

参考答案

既然气压炸弹是在海拔 2000 米以下爆炸,那么只需选择海拔 2000 米以上的高原着陆,就能挽救全机乘客的生命。比如墨西哥城,海拔高达 2300 米,飞机选择在那里降落是安全的,不需要采用另外的防护措施。

没有胰腺的狗

胰岛素是人体内唯一可以用来降低血糖的一种激素。说到胰岛素的发现,我们就要将目光看向 1889 年了。

这一年夏天的一个中午,德国大学的冯梅林教授由于有一个实验还没有做完,吃过饭他就匆匆赶往实验室。

路过斯特拉斯堡大街时,细心的冯梅林发现一个奇怪的事情:路上有一只卷毛狗,每当溜达到一棵树下,就会抬起后腿,在树根下撒尿,狗一离开,就有许多苍蝇围着狗尿飞来飞去。

"苍蝇为什么对狗尿那么感兴趣呢?"他凭着敏锐的直觉,他想到狗尿里一定含有什么新的化学成分,他当时正在和病理学家闵可夫斯基研究"胰腺在消化过程中的功能"这一课题,说不定这个发现能有助于课题研究。

于是,他把卷毛狗抱回了实验室,先对狗尿进行了化验,发现狗尿中含有大量糖分。然后,他又给狗做了体检,发现狗的胰腺功能损坏了。

"是不是胰腺功能损坏的狗,尿中都含有糖分呢?"他将另一条狗摘去胰腺,然后收集狗的尿液,发现这只狗的尿中也含有大量糖分。

遗憾的是,由于种种原因,冯梅林对这个问题没有继续深入研究。

30年后,加拿大的一个名叫班丁的医学院讲师,在冯梅林教授研究的基础上又进行了深入研究。他推测被人们视为不治之症的糖尿病一定与胰腺有关。

他几经研究发现,正常人的胰腺上,分布着像岛屿一样的小暗点,而糖尿病病人的胰腺上,小暗点只有正常人的一半。

"这是为什么呢?"班丁百思不解,"如果能增加胰腺上的小暗点,就一定能攻克糖尿病这个难关。"

班丁经过多次试验发现,这种小暗点就是胰岛,胰岛素是在胰岛产生的一种激素,它能促使肝脏祛除血液中的葡萄糖。身体不能产生足够胰岛素的人就会患糖尿病,患者的血糖就会高到危及生命的程度。可是,增加小暗点——"胰岛"谈何容易!

班丁下定决心要解决这个问题。经过艰苦的探索和研究,班丁终于实现了在不破坏胰腺的情况下,正常提取小暗点,并且在实验室里把胰岛素分离出来。

班丁成功了,他用自己的辛勤汗水,填补了医学上的一大空白,给糖尿病患者带来了福音。不过,班丁始终没有忘记,是冯梅林教授为他打下了坚实的基础。他说,如果没有冯梅林教授为他铺好的阶梯,他就不可能获得成功。

吃鱼吃出来的梳子

你们知道梳子是怎么发明的吗？恐怕很少有人知道，因为梳子的来历实在是太遥远了，它的来历可以追溯到黄帝时期。

黄帝妻子众多，正妻嫘祖发明了养蚕技术，而第二个妻子方雷氏更为聪明，正是她发明了梳子。相传黄帝后宫中有20多位女子，经常蓬头垢面。每到重大节日，他总要把这些女子叫来，用手指把每个女子的蓬发一一捋顺。

方雷氏心想，自己贵为部落领袖的妻子，怎么能一直做这种事情呢，必须要找到一种一劳永逸的方法。

这时有一个名叫狄货的男子，曾经给黄帝发明了舟船，从洪水中捞回19条大带鱼。他请黄帝的第三妻室肜鱼氏给他烹饪。

但肜鱼氏有病不能下床，狄货只好去找方雷氏。方雷氏按照肜鱼氏平时做鱼的方法，用柴火烧热石板，然后把带鱼放在石板上，上下翻滚，不一会儿带鱼就烧熟了。

狄货一口气吃了3条，吃剩的鱼刺堆了一地。

方雷氏随手拣起一根地上的鱼刺，折了一节洗干净，左看右看，觉得非常美观，不由得用带鱼刺梳刷披在肩上的乱发。不一会儿，蓬乱的头发竟被梳得整整齐齐。方雷氏大喜过望，把所有带鱼刺都收集起来洗干净。

第二天她把这些带鱼刺折断成很多小段，分发给其他女子，教她们如何梳头发。

一群女子嘻嘻哈哈都动手梳起来。刚开始，大家都不会使用，有的把鱼刺扎进头皮，有的用力过大，把带鱼刺折断了。有的抱怨说不如用手指头，又保险还能抓痒。最后大家都怨声载道地离开了。

方雷氏没有气馁，她召来黄帝手下专做木工的睡儿，要求睡儿依照带鱼刺的模样，做一把木质的梳子。

不几天，睡儿用一块木板制作了一把带鱼刺式的梳子，拿来给方雷氏看。方雷氏见了,扑哧一下笑出声来。睡儿丈二和尚摸不着头脑。方雷氏笑着说,这刺比手指头还粗,简直像个耙地的耙子,怎么能用来梳头发呢?睡儿惭愧地笑了,回去后,叫来几个会做木工活的弟兄,一起商量研究,最后用竹子做成了一把梳子,梳子齿宽度硬度恰到好处。方雷氏看后,非常高兴。

中华民族妇女使用梳子时代从此开始了。

水母的"顺风耳"

水母是一种生活在海洋中的浮游生物,形状好似一把伞或一个蘑菇。

水母的伞状体内有一种特别的腺体,可以散发一氧化碳气体,使伞状体膨胀。在遇到敌害或者大风暴的时候,水母就会自动放掉一氧化碳气体,从而沉入海底。海面平静后,它只需几分钟就可以生产出气体让身体膨胀漂浮上来。

此外,水母还有一个很特别的耳朵,形状是一个小球,位于水母触手中间的细柄上,里面包裹着一粒小小的听石。这颗小小的听石,能够敏锐地听到海浪和空气摩擦产生的次声波。这些次声波往往是风暴来临的前奏,因此水母在风暴来临的十几个小时之前,迅速从海面撤离。

有一次,科学家们正在对海底进行探测,发现很多水母正集体朝水下沉去。起初,科学家们以为是水母被他们吓到才下沉。后来发现,水母是自己主动潜下水的,这一现象引起了科学家们的兴趣,他们追踪那些水母,发现水母下沉到一定深度后就停了下来,好像在等待着什么。

等了很久,什么也没发生,科学家们便离开了,就在他们离开后不久海上发生了大风暴。

不久,科学家们再次进入海底,又一次见到水母深入海底。科学家迅速跟上,并在海底设置了先进的仪器,随时检测这些水母的动向。

15个小时之后,风暴来临,科学家们大受震撼。他们对水母进行了研究,发现了它们神奇的"顺风耳",便依照水母"顺风耳"的器官结构原理,设计了一款风暴预测仪,然后将预测仪安置在舰船的前甲板,成功感应到风暴来临前的次声波,并准确地预测了风暴的强度。

这个预测仪对于风暴的预测十分精准,能提前 15 小时,有效地保障了航海和渔业的安全。

思维小故事

纵火者的谎言

英国的基正大街和其他地方一样,有宽敞的柏油马路,各式各样的商店和住房。唯一不同的是,基正街 001 号到 700 号房屋全是精致的木质房屋。住在 322 号的兰登先生很满意自己的住所。

一天半夜,兰登先生被家中爱犬的狂吠惊醒。他睁眼一看,只见火苗正从屋子的每个角落蹿出来,滚滚浓烟熏得人睁不开眼。兰登吓得光着脚丫抱起爱犬,夺门而逃。

火灾过了很久才被扑灭,在这场可怕的大火中,有 20 幢房屋被完全烧毁,30 多幢遭到严重破坏。警察经过调查发现,大火是从兰登先生的邻居、321 号德雅丽女士家中引起的,由于现场已经完全毁坏,起火的原因无法查明。好不容易逃了出来的德雅丽女士,听到丈夫和孩子没能从火海中生还的消息后,悲痛得昏厥了过去。

过了一个小时,德雅丽女士精神状态好了一点,警察开始询问她起火的原因。

德雅丽说:"我们昨晚参加一个朋友的派对,一直到深夜才回家。回来以后,我丈夫和孩子都说很饿,我就去给他们煎牛排。正在牛排快煎好的时候,我忽然听到孩子大哭起来,连忙放下牛排跑到客厅里,原来孩子手掌被玻璃划破了。我丈夫这时也跑了过来,他把孩子带到浴室清洗包扎,而我返回厨房。没想到,我出去的时候忘记关闭煤气灶,火焰点着油,已经在锅里烧了起来!"

"只是在锅里烧?那很容易扑灭啊。"警察说道。

德雅丽痛苦地捂住脸说道:"这时我犯了个不可饶恕的错误!我当时完全慌了,随便提起一个桶就朝油锅浇过去,谁知道,桶里面也是油!整个厨房一下子就着火了,我甚至都来不及通知丈夫和孩子……"

警察停下记录,和兰登对视了一下,严肃地说道:"德雅丽女士,你因为涉嫌纵火被捕!"

警察为什么说德雅丽涉嫌纵火呢?

魔鬼一样的创造

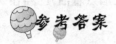

水的密度比油要大，因此如果油着火的时候用水去浇，反而起不到灭火的效果，而在着火的时候迅速倒上一桶油，正在着火的油会因为与氧气隔绝而停止燃烧。德雅丽说倒上油导致整个厨房都着火显然是在说谎，她很有可能就是纵火犯。

猴子酿出来的酒

果酒是一种融合了水果和酒精风味的奇特酒种，有趣的是，它是由一群猴子创造出来的。

有一次，一支船队出海遇到了风暴，停靠在一个海岛上避难。海岛盛产水果，所以船员也不担心没有吃的，而且海岛上也没有什么猛兽，只有许多攻击性不强的猴子，生命安全不会受到威胁，于是，他们安心待了下来。

这一日，风暴终于过去了。船员们纷纷来到海岛中央，准备带上一些水果再离开，沿途却见到许多猴子睡在地上，就像喝醉酒一样，样子非常滑稽。

船员哈哈大笑，他们往前走上一段距离后却闻到一股腐烂的味道。

"怎么这么多的烂果子？"一个船员眼尖，发现了一地的烂果子。

"你们看，那只猴子在喝什么？"另一个船员指着一个不远处的猴子喊道。

只见一只猴子在一个小水池旁不断喝水，可是那些水却不是白色的，水池旁边还有一堆烂了的果子。那只猴子喝了一会儿，很快脸色变红，醉醺醺地倒在了一旁，与先前的猴子表现一模一样。

船员们很惊奇，纷纷跑过去，有胆子大的直接喝了一口水池里的"水"。

"哇，这种感觉好特别呀！"

听到他这么喊，剩下的船员也忍不住了，纷纷喝了起来，然后所有人都醉了。

后来,船员们回到自己的国家后,模仿水池里的"水"酿造出果酒,并拿去出售,销路居然还不错。这也为日后的葡萄酒的酿制打下了基础。

现代的雷达

雷达是一种无线电设备,可以通过发射无线电波,来探测远处物体的位置,通常被用于扫描飞机、导弹等目标,还可以用做飞机和船只的导航等。而人类的雷达其实是受生物界的"雷达"启发而来的,那个生物界的"雷达"就是蝙蝠。

蝙蝠的眼睛几乎失明,它是通过回声定位系统来捕捉猎物的。它们会发出一种超声波,这种声波频率很高,在触碰到物体后便会反射回来。蝙蝠的耳朵接收到反弹回来的声波后,便能确定物体位于何处,形状如何。

经过长久的研究和实验,科学家们发现了蝙蝠的这种特性,便希望能找到一种类似蝙蝠超声波的物质,然后模仿蝙蝠的这种功能,制造一种探测器,通过声波的传送和反弹来探测物体。

1887 年,德国科学家赫兹发现电磁波遇到金属物便会反射回来,但他没有将电磁波的研究深入下去。1935 年,英国著名物理学家沃特森·瓦特发明了一种装置,安装有像蝙蝠的嘴那样的发射无线电波的天线,又有接收反射电波的屏幕,能探测到远距离的飞行目标。世界上第一台雷达就此问世。随后,雷达被应用于军事上,在二战中发挥了重要作用。和平时代,还被用于探测天气、洞穴等方面,用处十分广泛。

魔鬼一样的创造

神奇的电子蛙眼

战争时代,战争一方经常使用导弹来攻击敌方,敌方的雷达探测到袭来的导弹后,会发射反导弹进行拦截。攻击方为了迷惑敌方的雷达,便发

射各种扰乱信号,真假导弹纷纷出动。这时,就需要依靠电子蛙眼来快速鉴别真目标。

电子蛙眼,顾名思义,是根据青蛙眼发明的。青蛙在浓浓的黑夜之中也能辨认出极小的害虫,还能在众多飞行着的昆虫中,立即识别出自己最爱吃的苍蝇和飞蛾。这是因为青蛙有一双奇特的大眼睛。

科学家们研究发现,青蛙的大眼睛是由无数个小眼睛组成的,叫做复眼。组成复眼的小眼非常之多,能够敏锐地测量猎物的飞行速度,而且具有极高的分辨率。

青蛙的那对大眼睛上还拥有4层神奇的神经细胞,这些神经细胞的功能各不相同,第一层能够察觉飞行目标的差异,第二层能抽取飞行目标的凸边,第三层显示目标的四周,第4层关注飞行目标的明暗变化。这四层叠加才形成完整的图像。正是因为如此,青蛙可以在纷繁的目标群中,发现特定目标。

于是仿生学家们根据蛙眼的原理和结构,发明了电子蛙眼,可以随时监视多架飞机,跟踪人造卫星。把电子蛙眼和雷达结合,能提高雷达的抗干扰能力,还能识别特定飞机和导弹。

思维小故事

救命的指南针

特工霍金成功窃取了贩毒集团的情报,可是在逃跑的时候被一颗子弹打中了大腿,在背后紧追的毒贩抓住了他。

现在的他被关在阴暗潮湿的地牢里,中弹的左腿流着鲜血,疼痛剧烈。难道,他就要死在这里吗?要知道,明天天亮的时候,贩毒集团的老板就会回来,他曾屡次栽在霍金手里,这次他一定会趁着这个机会亲手杀死霍金的。

这时,看守地牢的小胡子男人说:"霍金,我不能帮你逃走,但是你可以自己逃。出去以后,往北8千米就是市镇,那里有警察局。"说完,他从窗外扔进来一根钢锯。

"为什么帮我?"霍金惊奇地问道。

小胡子叹了口气说道:"我本来是个安分的渔夫,被他们用枪顶着头拉来贩毒。我故意拖拖拉拉,他们就让我来守地牢。算了,不多说了,你动作要快点,我3小时以后换班。"

小胡子走后,霍金对准地牢铁栏,快速地锯起来,没过多久,两根铁栏就被锯断了。他强忍剧痛,弯腰钻出铁栏,沿着地牢后门溜出了贩毒分子

营地。拖着受伤的大腿一路逃跑,不知道跑了多久,他才气喘吁吁地停了下来。

这时他发现自己在一片茂密的原始森林里,一丝阳光也看不见,那么,哪里才是北面呢,要是找不到北面,他最终只会饿死在森林里。

怎么办?霍金把浑身上下搜了个遍,也找不到一样能够指示方位的东西。口袋里只有一根回形针,一个打火机,一块丝织手巾,这些东西根本帮不上忙。

突然,霍金看到地上有一摊积水,他灵机一动,马上用手上的东西制了一个指南针,找到了方向,逃出了森林。

霍金的指南针是怎样做的呢?

从回形针上扭下一段,在丝织手巾上用力摩擦,这样针就具有了磁性。把针在额头上擦两下,沾上一点油,再放入水中。

油的张力能让针浮在水面上,而磁极的作用会让针尖摇摆,当摇摆停止后,针尖所指示的方向就是北方。当然,针尖所指的磁场的北极,和地理上的北极是有误差的,距离北极圈越近,误差就越大。

鱼雷的发明

鱼雷是一种水下攻击性武器,能够轻易击沉包括航空母舰在内的许多战舰,是名副其实的海中杀手。

那么,鱼雷是怎么发明的呢?这就先要说到它的前身撑杆雷了。

19世纪初,海军会在船的前端插上一根长铁棒,然后绑上炸药,撞击敌人的军舰,将敌人的军舰炸沉,这就是撑杆雷。

1866年,在撑杆雷的基础上,英国工程师罗伯特·怀特黑德研制出了世界上第一枚鱼雷。

怀特黑德是一位博士，曾经亲眼目睹撑杆雷击沉军舰，很是振奋。但是他认为撑杆雷还存在很多弊端，挂在船前端对本方的军舰也十分不利，便想发明一种能够取代撑杆雷的武器。

这一天，怀特黑德离开实验室，来到海边看风景。这时候一条剑鱼突然冲出水面，刺穿了刚好飞过海面的海鸥，这给了怀特黑德很大的启发：如果能发明一种像剑鱼一样，主动冲击并炸毁敌舰的武器，那就能取代撑杆雷了。

怀特黑德很快将想法付诸研究，过程非常艰难，却没有阻止他的决心，因为他知道如果能够制造出如同剑鱼一般的武器，那将是敌舰的噩梦。

这时，奥匈帝国的海军部找到了他，希望他能发明一种装满炸弹，冲到敌舰前即可爆炸的推式小艇。这与怀特黑德的研究不谋而合，于是他欣然接受了任务。

得到了奥匈帝国的财力支持后，怀特黑德的研究进行起来就更加顺利了。1868 年，他终于研制出一种水上自行推进的炸弹，取名为"鱼雷"。鱼雷一旦发射，就能以每分钟 200 米的速度冲向目标，伴随着巨大的冲击力，将敌舰炸毁。这就是世界上第一个鱼雷。

1877 年，怀特黑德的鱼雷首次被应用到海军战役中，取得巨大成功。从此，鱼雷便跻身海军强大武器的行列。

经过 140 多年的发展，目前鱼雷种类已经五花八门，可是却没有人会忘却那只最早的鱼雷以及那条给怀特黑德带来启发的剑鱼。

思维小故事

相似的车牌号码

午夜的街头冷冷清清，几乎见不到一个人影。这时，车祸发生了——一个红衣女孩被一辆疾驰而过的轿车撞出近 5 米远，然后重重地摔在

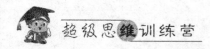

地上。

　　轿车司机迟疑了一下,猛然加速逃离了现场。出租车司机卡拉奇从后视镜中目睹了这桩惨剧,他立刻记下肇事车的车牌号码,然后拨打报警和急救电话。

　　等警察和医生赶到的时候,女孩已经因为失血过多死去了。卡拉奇把他记下的车牌号码18UA01交给警察。

　　警方立刻组织人手调查,查到了18UA01车车主的住址。他们把这个肇事的恶棍从床上揪起来,可他却满脸惊愕的表情,似乎受到了天大的冤枉。无论怎么盘问,他都不肯承认自己在一小时以前开过车,更不承认还

撞过人。

他打开车库,让警察随便调查取证。在车库里,警察们面面相觑:18UA01 号车子是一辆廉价的日本车,而不是卡拉奇说的昂贵的跑车。这辆灰色日本车没有任何刮擦的痕迹,看来是冤枉了好人。

随警察一同来辨认的卡拉奇非常惊讶。作为司机,他对记录车牌这样的事情非常熟练,他清楚记得自己看到的车牌就是 18UA01,而且当时立刻就记了下来,绝不会弄错。

警察找到了 18UA81 号、18UAl0 号、10AU81 号和 18AU01 号 4 个最相近的车牌认真分析,终于找出了真正的肇事凶手。

警察是如何找出的那辆作案车的呢?

参考答案

在案件的侦破过程中,镜子往往发挥着重要作用,出租司机看到的车牌完全没错,可是由于是从后视镜中往后看,所以看到的图像是相反的,也就是说,正确的车牌号应该是 10AU81。

第二章　大自然的启迪

女性的最爱——高跟鞋

　　高跟鞋是女人的最爱，不管是成熟的女性还是懵懂少女，都喜欢穿上一双高跟鞋，展现婀娜多姿的身材和高贵的气质。但是人们发明高跟鞋的初衷，可不是为了展现女人的魅力，而是为了锁住女人。

　　15世纪的一位威尼斯商人经常要出门做生意，又担心妻子会外出风流，因此十分担心，迟迟不肯离开。

　　这一日，威尼斯突然下起大雨，他行走在街道上，鞋后跟沾了许多泥巴。开始时，他并不在意，谁知泥巴越积越多，鞋跟也越来越高，走起路来越来越艰难。商人厌烦地跺着鞋后跟的泥巴，突然脑中灵光一闪，他想：威尼斯是座水上城市，船是主要交通工具，妻子的鞋后跟如果很高的话就无法在跳板上行走，这样就可以把她困在家里了。

　　怀着这样的心思，威尼斯商人为妻子制作了一双高跟鞋。他本以为妻子穿上后会老实呆在家里，谁知道妻子穿上这双鞋子后，身材显得更加婀娜多姿，兴奋的她在佣人的陪伴下，上船下船，到处游玩，惹得路人纷纷侧目。

　　这件事情传开之后，许多追求时髦的女士争相效仿，高跟鞋很快流行起来。

雨衣的发明

雨衣是一种非常简单的防雨工具，制作起来也很便捷，但它的发明过程却很曲折。最早的雨衣出现在19世纪20年代，叫做"麦金托什雨衣"。

麦金托什是英国的一名橡胶工人。家境贫困，连雨伞都买不起，所以在下雨天都只能冒雨出行。

有一天，麦金托什在工作时不小心打翻了橡胶汁，衣服和裤子上沾得到处都是，擦也擦不掉。这时天色已晚，他只好穿着这身脏衣服回家。外面阴雨绵绵，麦金托什冒雨回到家中，却惊讶地发现，脏衣服表面布满了水珠，而里面的衣服却一点没被淋湿。他猜想是不是橡胶汁有防水的效果，于是用橡胶汁涂满原来那件脏衣裤，做成了世界上第一件胶布雨衣。

不过这件雨衣穿起来很不舒服，因为橡胶在冬天会变硬，夏天则松软粘手。于是麦金托什经过多次试验，用橡胶和松节油混合起来，浸泡棉布，制成了质地较好的胶布雨衣。

思维小故事

毒蜂与录音机

星期天的下午，警方接到报案，一位日本商人死在院子里一棵大树下的椅子上，地上丢着两个空啤酒罐和一些日本报纸。

警察立即赶到现场。报案的是这里的管家，他指着尸体对警察说："主人是在凉爽的树阴下一边喝着啤酒，一边看报纸，不巧被毒蜂蜇了。你瞧，他胸部还有被毒蜂蜇过的痕迹哩。"

所谓毒蜂是非洲的一种蜜蜂，它的产蜜量要高出普通蜜蜂的3倍，但

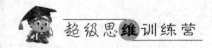
它的毒性很大,一旦被这种蜜蜂蜇了,再强壮的汉子也会死掉,所以它被称为杀人蜂。

"就算是被毒蜂蜇了,从他没来得及逃进屋里的状况看,大概是喝了啤酒醉醺醺地昏睡过去了。这附近有毒蜂窝吗?"当警察对周围一带调查了一番之后,发现邻居的一家空房的院子里有一棵大洋槐树,树上有个很大的毒蜂窝,挂在树叶遮掩的树枝上。

当时已经是夕阳西下的时候,毒蜂都钻进了蜂窝里。警察轻手轻脚地走到跟前一看,发现在另一个树枝上挂着一架日本制的微型录音机。

"这种地方,谁会把录音机丢在这儿?"警察取下录音机,把磁带倒回后一放，是盘音乐带。警察听了一会儿，突然想到了什么，马上断定说："这个日本商人不是在院子午睡时偶然被毒蜂蜇死的，这是巧妙地利用毒蜂作案的他杀案。"

说完，他又把录音机依旧放回原处，并隐藏在院子里的树丛中耐心监视着。夜里9点多种，闪出一个身影接近洋槐树，要取下录音机。

"喂！不许动，你因杀人嫌疑被逮捕了。"警察迅速跳出来追上欲逃跑的嫌犯并将其抓获。这个人是在被害人手下工作的当地人，因贪污贷款行将败露而作案杀人。

可是，尽管如此，这位警官为什么只听了一会儿音乐，就能果断地识破嫌犯的诡计呢？

参考答案

这部微型录音机里的磁带开头录着轻松柔和的华尔兹乐曲，可就在这部乐曲中突然插了一段节奏紧张刺激性强的现代音乐。

毒蜂在听到轻松柔和的乐曲时表现得温驯老实，而当突然听到这种强刺激的现代音乐时，马上兴奋起来，野性大发。罪犯就是趁被害人睡午觉的时候，利用毒蜂的这种习性，让毒蜂袭击了他。

海底的水下探测仪

法国渔船一个偶然的发现，给科学家带来了启示，发明了水下探测仪，被称为科学史上的一大趣闻。

1926年，时值夏日，茫茫大海上，一艘法国轮船正缓缓前行。这时，船上用来探测海底深度的探测仪上，反复出现奇怪的信号。

"这是怎么回事？"船长和船上的几名技术人员都感到莫名其妙，他们都是第一次见到这种奇怪的现象。

"是不是鳕鱼群反射出来的回声信号？"船上的几名技术人员猜测。

"探测仪发出的声波碰到海底会反射折回,碰到海洋里的生物群时,也会反射回来。"

有关人员开始对声波在水中的传播进行研究,终于设计出各种水下探测仪。在茫茫大海中,有了水下探测仪,渔船就能准确地发现和跟踪鱼群,有的放矢地进行捕鱼。

思维小故事

古堡里的黑影

在印度,只要一提起浩瀚的塔尔沙漠中那座高大而神秘的古堡,人们就不寒而栗。近几年来,凡过路商人和马队夜宿古堡,都一个个送掉了性命,连骡马都不能幸免。到底古堡里的杀人凶手是谁,用的是什么凶器,一直没有人能说清楚。

当局调来全印度最有名气的侦探和警察去调查,但他们当夜也大都死在古堡大厅里。即使经高明的法医验尸,也很难找到致死的痕迹。警方无奈,只好在古堡大门口贴下告示:"过往行人一律不准在夜间留宿。"

有一天,英国著名探险家托桑来到古堡,一心想探个究竟,探险队员全都荷枪实弹地进入古堡。待天亮警察赶来时,托桑和他的人马已全部遇难,印度警方继而发出紧急布告:

"凡能破古堡疑案者,赏金一万卢比。"

但布告发出后迟迟无人问津。一年后的一天,终于来了个白发银须、衣衫褴褛的乞丐,自称叫弗理加尔,他郑重地提出能破此案。警察局局长半信半疑,只得吩咐刑侦科长:"派人盯着这个送死的老家伙,看他搞什么鬼名堂。"

刑侦人员发现那个老头买了一个大铁箱、一只猴子和一副渔网,这使经验丰富的警察局局长百思不得其解。

夜幕渐渐降临,弗理加尔驾驶马车奔进那座令人望而生畏的神秘古堡,眼前漆黑一片,堡内死一般寂静,老乞丐摸进托桑遇害的大厅,他先给猴子注射了麻醉药,并将它放进渔网里。然后自己钻进铁箱,牢牢地抓住渔网的网绳。

　　老乞丐这样做到底是为什么呢?

魔鬼一样的创造

![参考答案]

　　午夜,只见一团团黑影从古堡顶部飞下来,向猴子猛扑过去,只听苏醒过来的猴子一声惨叫。弗里加尔迅速收紧渔网,古堡内又静了下来。

　　次日早晨,他从古堡里胜利走出,指着渔网对围观者说:"凶手就在里面,它就是这种奇特的红蝙蝠,长着像钢针一样锋利的嘴,夜间出来觅食,

乘人畜不备,瞬间能将尖嘴插入人和动物的大脑吸食脑汁,可立即置人死地。由于红蝙蝠具有这种杀人绝招,所以难以在死者尸体上找到伤处。"

当局正要论功行赏,老人拿出了证件,原来这位"乞丐"正是英国剑桥大学著名生物学教授汤恩·维尔特。他观察古堡,研究红蝙蝠已经20多年了,这才一举破获了神秘古堡的百年疑案。

北斗七星和指南针

指南针是我国古代四大发明之一,它是通过磁盘上的磁针转动来指明方向的。

两千多年前,古人无意中发现一种天然的铁矿石,这种铁矿石具有磁性。人们将铁矿石磨成细棒,在中间绑上细绳,提起来,细棒在旋转之后会把一头指向南面,另一头指向北面。

这一有趣的现象引起了人们的注意。后来,古人们发现,北斗星形状犹如一把勺子,勺柄指示的是偏北方向。

古人们受到启发,便把磁石制造成底部圆润的勺形,放在一个光滑的铜盘上。只要轻轻转动勺柄,勺柄停下来所指的方向就是南方了。这就是最早的指南针,名叫"司南"。

阳光下的镜式电报机

1866年,英国铺设了一条海底电缆,跨越大西洋,沟通英美两国。英国学者威廉·汤姆生在铺设过程中发现:电缆终端的电信号十分微弱,很难被目前的电报机接收到,铺设电缆却无法实现通讯,这就失去了意义。

汤姆生十分苦恼,解决这个问题的关键所在就是想办法放大信号。他苦思冥想,却毫无进展。

几位好友见汤姆生愁眉苦脸,便约他出游散心,缓解心中愁苦。

汤姆生一行人来到了大海边,望着一望无际的大海,汤姆生思绪万千。他多么想让海风吹去他心头的愁绪啊!

他们登上游艇,迎着海风,开往大海深处。正当大家玩得十分尽兴时,有人突然发现汤姆生不见了。大家惊慌失措,以为他想不开自寻短见。四处寻找了半天,才发现,他正在船舱里聚精会神地画着设计图。

他又在思考海底电缆的事情,朋友们也被他这种执著的精神深深地打动了,但都不希望他因此憔悴愁苦。

大家争先恐后地用各种方法逗他开心,他都不为所动。这时,一个调皮的朋友,从口袋里取出一面小镜子,对着太阳,把阳光反射到汤姆生脸上,耀眼的阳光在汤姆生脸上跳动,照得他眼花缭乱,左右躲闪。

就在这时,一个灵感撞击了他的思维,他猛地跳了起来,一把夺过那面圆圆的小镜子,将那个调皮的朋友紧紧地拥在怀里,大叫:"我找到啦,我找到啦!"

大家被他的举动惊呆了,心想:"他是不是神经出毛病啦?"

汤姆生并没有发病,他是从镜子的反光中得到了启示,想到了解决问题的办法。

汤姆生的想法是,对着阳光的镜子,只要在手里稍微移动一点,哪怕只是一个很小的角度,远处的光点也会大幅度地跳动,这不就是一种放大器吗,如果能发明一种可以放大信号的电报机,难题不就解决了吗?

此时,汤姆生的心早已飞到了他的实验室,他们立即将游艇开了回去。

根据这个放大原理,汤姆生很快就发明出了一种镜式电流电报机,这种高灵敏度的电报机,终于扫除了铺设海底电缆中最大的技术障碍,这是人类通信史上一座新的里程碑。

魔鬼一样的创造

思维小故事

鱼是怎么死的

　　最近,某市附近海域里的鱼突然大量死亡,附近群众反应非常强烈,这也引起了市环境保护部门的密切关注。

　　史密斯和卡尔被上级派来专门调查这件事。

首先,他们走访了在海边居住的村民。村民们向史密斯和卡尔反映,自从半年前,附近建起了原子能发电站,海里的鱼就开始大规模地死亡:"我们虽然不知道是什么原因,但可以肯定的是一定与这座可恶的发电站有关!"一位村民愤愤地说道。因为成千上万的鱼死亡,对于海边靠打鱼为生的村民们来说实在不是一件小事,史密斯和卡尔一刻也不敢怠慢,马上开始了对原子能发电站的调查。

接待他们的是原子能发电站的站长,他骄傲地向史密斯和卡尔介绍道:"现在人们的生活已经越来越依赖原子能发电站了。我们的发电原料是铀,二位知道,即使是少量的铀也会产生出很大的电能来,而且清洁环保。可不像用煤炭和石油发电那样,产生大量的浓烟、灰尘和氮化物。要知道,那些氮化物也会施放出放射能,威胁人和动物的生命呢……"

"请问,你们的废弃物都是怎样处理的?"站长还想往下说什么,却被史密斯的话给打断了。

"噢,利用原子能发电,废弃物大多有比较强的放射性,我们是不会把它们随意弃置的,而要经过特殊的处理。这可不是开玩笑,不信您来仔细看一看。"说着,又带领史密斯和卡尔把发电站的各个角落都参观了一遍,在确认没有发现问题后,史密斯和卡尔才离开。

"到底是不是这个发电厂的问题呢?"回来的路上,卡尔问史密斯,史密斯没有作声,因为他也不知道问题究竟出在哪里。

两个人无精打采地来到海边,望着海里漂浮着的成片的死鱼陷入了沉思之中。卡尔走到海边,想捞条死鱼察看一下,可却发现这里的海水很温热,于是卡尔来到一位正在海边补渔网的老人面前,请教道:"老人家,请问,这里的海水原来就是这么热吗?"

"嗯,我们这儿是南部,即使是冬天,海水也不会特别冷,但是最近这儿的海水似乎是比以前热了一点儿,我们也不知道为什么。"老人家说。

"哦,这下我明白了!"卡尔把自己的想法告诉了史密斯,史密斯也认为卡尔说得有道理。于是第二天,两个人又来到了原子能发电站的站长办公室。

这一次,卡尔开门见山地问道:"我听说利用原子能发电需要很多水,

魔鬼一样的创造

使用过的水虽然没有污染,但是温度很高,对吗,站长?"

"是又怎么了?难道和那些死鱼有关系?"

卡尔马上说出了一番话,这让站长不禁开始瑟瑟发抖,最后终于承认了犯罪的事实。

参考答案

卡尔说到:"所有的生物都需要依靠氧气生存,鱼也不例外,只不过它们利用的是海水中含有的氧气气泡罢了。如果水温升高,水中的气泡就会上升到水面而破裂消失,氧气大量减少,鱼自然就会大量地死亡了。所以,我认为你的发电站没有把用过的热水冷却,就直接排放到海里,直接导致了鱼的死亡。"

空中的云进行的人工增雨

用人为的手段促使云层降水,这就是人工增雨。人工增雨主要有两种方法,空中作业和地面作业:空中作业是用飞机在云中播撒催化剂;而地面作业就是利用高炮、火箭等设备,从地面发射催化剂,从而达到人工增雨的目的。这两种人工增雨方法都是美国纽约通用电气公司的技术人员发明的。

第一种人工增雨的方法是美国通用电气公司的研究员谢弗发明的。谢弗知道,空中的云是由地表的水蒸发而来的,当云中有灰尘作为内核,一旦遇上冷空气,就会变成雨滴,降落在地上。这是一个循环往复的过程,在其中,云彩有很重要的作用,要想人工控制降雨,就必须重视云的内核。

于是,谢弗就开始了实验,模仿自然降雨的条件,尝试各种各样的内核。不论是粉尘、泥土还是盐,统统都失败了。可他越挫越勇,加倍努力进行实验。

一天,谢弗在做实验的时候,一位朋友来吃饭,打断了他的实验。饭后,回到实验室,谢弗担心制冰器温度不够低,就往里面放了些干冰。等他打开制冷器盖子,准备把干冰投进去的时候,不小心打了一个哈欠,霎时间,他看到了令他大为惊讶的现象:在制冷器的少量光线中,出现了一片片极小的闪光的碎片——这微小的冰晶正是雨滴的雏形。他越战越勇,直到1946年11月,终于发明了被称为干冰降雨的人工增雨法。

可后来人们发现,干冰降雨虽然好,但不易操作,同时安全系数也不高。通用公司的科学家伯纳德·万内格是个有志探索未知事物的青年,他试图改进人工增雨的方法。在查阅大量资料之后,万内格选中了碘化银粉末作为降雨的内核。他一次一次地实验着,可都失败了。后来一位科学家建议他使用纯度更高的碘化银。他采纳了这条建议,把碘化银磨成很小的碎片,用地面设备,将像烟雾一样的碘化银碎片发射到大气层中,片刻之后,天空出现了晶莹的雪片和雨滴,他成功了!

他们发明的人工增雨法为饱受干旱困扰的人们带来了福音。他们孜孜不倦、锲而不舍的精神更是被人们所赞颂。

思维小故事

开锁大盗

杰姆斯是著名的开锁大盗,在他看来,没有打不开的保险柜,而打开最新式的保险箱则是最具挑战、最刺激的事情,只有在开锁时,他混乱的思绪才会高度集中到一个点上。

这天,杰姆斯在街上闲逛。突然听到身后有人叫他。他回头一看,原来是警察局的查理探长。

"我已经洗手不干了。"杰姆斯冲探长挥挥手说道:"我现在可是个老实的生意人。"

— 47 —

探长摇摇头说:"今天我可是花钱请你去开保险箱,怎么样?"

杰姆斯疑惑地看着探长,查理接着说:"是这样的,皇室定做了3个用来放机密文件的保险箱,做保险箱的人夸口,说只要有谁在半小时内能打开这3个保险箱,就愿意付给他3万英镑。刚好,出来就碰上你了,这方面你是老手啊,3万英镑酬金可不少呀!"

想到那3万英镑,杰姆斯有些动心了,他对自己的开锁技艺绝对自信,出道以来,他还没有碰到过10分钟内打不开的保险箱,绝大多数看起来十分坚固的保险箱,他只要花一两分钟就可以轻松搞定。更重要的是他很想看看最新的保险箱究竟是什么模样,于是,他和查理探长一起来到了警察局。

3 个用特种钢材铸造的、闪烁着金属光泽的保险箱整齐地排列在办公室中央，精密的锁加上智能密码，看起来完全没有破绽。

杰姆斯在壁炉旁暖了暖手，立刻开始动手，厂商代表则用一只有机玻璃沙漏开始计时。杰姆斯在开第一个保险箱时遇到了麻烦，他足足花了 15 分钟，尝试了 20 种不同的方法，直到第 21 种方法才把保险箱打开，由于有了经验，第二个箱子只花去他 7 分钟时间。这时，厂商代表示意他暂停。

"我请你停下的原因，是告诉你酬金就在第三个保险箱里。"他阴阳怪气地说，"现在，开始最后一次冲击吧，你还剩下 8 分钟。"接着，他把沙漏挪到了壁炉旁边，开始重新计时。

杰姆斯通过刚才两次经验，他对这种保险箱已经了如指掌。他顺利地解开密码，打开了第 3 个保险箱，看到了里面厚厚的现金。

"亲爱的杰姆斯，我很佩服你，可是你超时了。"厂商代表说道。杰姆斯回头一看，沙漏的刻度上显示为 9 分钟！他完全不敢相信自己的眼睛！

忽然，杰姆斯灵机一动，明白了沙漏走快的原因，他大声对厂商代表说："我已经知道你做了手脚，酬金还是我的！"

厂商代表听说后，顿时面如土色，只好把酬金付给杰姆斯。你知道他动了什么手脚吗？

 参考答案

狡猾的厂商代表利用的是热胀冷缩的道理，使沙漏里的沙漏得快。沙漏被放到壁炉旁边以后，受热膨胀，虽然只是微小的变化，但足以让通过小孔的沙子数量增加。从而延长了计时的时间。

因此，杰姆斯实际用的时间远远小于 8 分钟，他应当得到酬金。

大水之下的"造纸术"

"仓颉字，雷公瓦，沣出纸，水漂帘。"在西安以南 20 多千米的地方，在

沣河和沣惠渠之间,有个一叫北张村的村庄。1000多年来,这里的纸匠们用村南随处可见的楮树和桑树,使用原始简单的工具,按照古人发明的造纸技术,完成一系列的造纸工艺,制造了纯天然的人工纸——楮皮纸。

北张村的楮皮纸是这样制造出来的,那么,其他的纸呢?中国的造纸术是怎样发明的呢?下面就让我们一起来看看。

提到造纸术,就不得不说起长安附近的那一场突如其来的大暴雨。有一天,长安附近突然下起大暴雨,在雨水的冲刷下,山上一些富含纤维的树木和麻类被带到了河水里,在大自然的神奇作用下,变成了稀薄的原始纸浆。这些纸浆在被河水冲刷到岸边,挂在倒地的树枝上。

一开始,人们还在抱怨大雨实在是太突然了,把一些庄稼都淹没了,可是等到阳光普照之后,人们走到屋外,惊讶地看到,岸边的树枝上挂满了稀薄的东西,经过太阳曝晒,白花花的,薄薄的。好奇的人们把它们揭下来,发现在上面写字,不但字迹清楚,而且携带方便。聪明的古人受到这一自然现象的启迪,经过了反复的探索和琢磨,在无数次失败之后,终于成功运用大自然的规律,生产出了纸张。

好吃好嚼的口香糖

很多年前的一天,美国摄影师托马斯·亚当斯的家里来了一名叫桑塔安纳的墨西哥客人,他带了一包人心果树胶送给亚当斯。

"能不能用人心果树胶做成橡胶呢?"桑塔安纳一边嚼着人心果树胶,一边对亚当斯说。他肯定经常嚼树胶,否则是不会在和别人说话的时候吃的,亚当斯心想。对于桑塔安纳的设想,他没有放在心上。过了几天,桑塔安纳发现,虽然亚当斯的儿子非常喜欢嚼人心果树胶,但亚当斯对做橡胶的事情并没有太大兴趣,就非常失望地离开了。

不久之后的一天中午,亚当斯走在街上,无意中看见一个小姑娘嘴里在不停地嚼着什么,他走上前去,好奇地问道:"小姑娘,你嘴里吃的是什么呀?"小姑娘甜甜地答道:"石蜡。"桑塔安纳嚼人心果树胶的情景,儿子对树胶感兴趣的样子,立即浮现在亚当斯的眼前,"也许我发现了一条致富之路,"他兴奋地想。

回到家中,亚当斯立刻将自己的想法告诉了儿子,没想到儿子和他一样,也有把人心果树胶做成嚼咬物的打算。说做就做,当天晚上,亚当斯父子俩就找到那包人心果树胶,立即投入了对它的研究。

一番尝试之后,亚当斯父子俩改造人心果树胶的实验终于取得了成功。他们不断改进,根据人们的喜好,开发出了各种各样口味的嚼咬物。

风靡全世界的口香糖就是这样诞生的。

思维小故事

冰块里的钻石

珠宝店老板赶来报案:他店里两颗大钻石失窃了!老板哭丧着脸,对高斯警长说:"警长先生,那可是最最名贵的钻石,我店里的其他珠宝加起来,也抵不上它们值钱啊!请您无论如何把罪犯查出来,我一定送你一大笔奖金!"高斯警长严肃地责问:"你这是行贿!"珠宝店老板马上改口:"哦,不不,我是奖给警察局……"

高斯警长不再和他啰唆,分析起了案情。根据种种迹象,高斯警长认为很可能是杰森干的。杰森是一个偷窃老手,曾经因为偷窃,被判了3年徒刑,最近刚刚从监狱里释放出来。高斯警长决定,立刻到杰森的家里,实地搜查一遍。

高斯警长带着警员,来到杰森的家。杰森没有像以前那样暴跳如雷,反而笑嘻嘻地说:"尊敬的警长,我已经改好了,当然,您要搜查的话,请便!"警员们分头到各个房间,仔细地搜查了个遍,就是没有钻石的踪影。高斯警长来到厨房,杰森打开冰箱,在两个杯子里各加了几块冰块,再倒进可乐,然后递给探长一杯,热情地说:"看您忙得满头大汗的,喝杯冰镇可

— 51 —

乐吧!"

　　高斯警长接过杯子,看了看浮起来的冰块,然后客气地和杰森碰了一下杯,喝了一大口,抹了抹嘴,高兴地说:"哎呀,真是好爽啊!"杰森一听,一下子显得很轻松,又拿了一罐可乐问:"是不是再喝一杯?"高斯警长说:"那就不必了,真的要谢谢你的可乐,喝了这一杯,我头脑清醒啦,已经猜到钻石的下落了,真是太爽了!"杰森一听,吓得脸都白了。

　　高斯警长已经知道钻石藏在哪里了,你是不是也猜到了?

钻石就冻在冰块里，因为钻石是透明的，一般看不出来。警长发现自己杯子里的冰块能浮起来，而杰森杯子里有两块却沉在杯底。就推测出冰块里藏着钻石。

饼干的来历

饼干这种压缩食品，对于大家来讲都不陌生。韧性饼干，酥性饼干，曲奇饼干等种类让喜欢饼干的人们大饱口福。但是，当你咀嚼着可口的饼干的时候，你想过饼干是怎么被发明出来的吗？

"祸兮福之所倚，福兮祸之所伏"，饼干的诞生，"得益"于一次海难。

100多年前的某一天，英国的比斯开海湾的海面风平浪静，一艘帆船悠然地航驶在海面上。突然，一阵狂风的驾临，迫使船长下令让这艘帆船靠海岸行驶。祸不单行，偏偏在这个时候，又触碰到了海底的暗礁，整船人的性命悬于一线。机智的船长立刻叫船员们放下救生舟，拼命划向岸边，在风雨中搏斗了很久，终于从死神的手中将生命夺了回来。可是，大家上了岸才发现，这竟是一座荒岛。

"在荒无人烟的岛上，难道大家刚刚死里逃生，却要饿死在这里吗？"惊魂未定的船长马上被这个现实的问题困住了。

"船长，如果我们赌一把或许会有一线生机。"一位船员指向远处的帆船。大家看着他，有些茫然，他接着说道："我们的船触礁了，但是我们的食物还在啊，我们划小船回去把食物拿回来，在这里等待救援也不至于饿死。"

大家考虑了一下，没有比这个更好的办法了，于是在风浪小了之后，划着小船去了海上。到了大船里，几乎又让所有人失望了：食物被海水冲的一塌糊涂，面粉、奶油、砂糖一些食物，全部被海水冲散，散在海水里，根本

无法分清。

看到大家从希望的喜悦到失望的沮丧,船长说:"我们先把这些装几袋子回去,至少可以充饥,这个要好过草根树皮吧!或许很快就会有船只经过,我们会没事的。"

大家相视一下,觉得船长说的有道理,便一起装像糨糊一样的东西回荒岛上去,然后吃着烤熟的面,等待救援。

等待总是漫长的,时间就像沙漏里的沙子,认真地细细地不肯快走一步。

一天,一位船员发现他们"抢救"回来的面粉在阳光的照射下,竟然发酵了。这个消息让所有人着实地开心了一番。这样,大家就可以吃上发面了。

船员们把剩下的发面揉好,做成一个一个馒头状的或者小小的饼状放在火上烤。香气扑鼻时,甚至大家忘记了是身在荒岛上,忘记了海难带来的痛苦。

喜悦的时候往往也会带来幸运的事情,不久就有船只经过荒岛,将船员们救上了岸。此后,很多人都知道了这个故事,救了各位船员的烤熟的发酵面也被人们进一步制作,也就是现在的饼干。

如今,饼干的样式以及口味都是日新月异、多种多样的,渐渐成为了人们休闲娱乐的食品。但是我们要记住,饼干的发明救了一船人的性命,让他们绝处逢生,重拾了生的希望!

思维小故事

清晰的指纹

露丝不但文章写得好,更能为精彩的文字配上美丽的插图。于是她的书大受欢迎,连续5个月排在畅销书榜第一位。可是因为出版商用很低廉的价格买下了版权,她只有眼睁睁看着自己的书热卖,别人大把大把赚钱。

这天,警察局汤姆斯局长告诉她,版权代理人玛莉小姐两天前在公寓被害,凶残的凶手对准她连开了 10 枪,玛莉当场身亡。根据调查,当天晚上和玛莉接触过的人只有露丝、印刷厂负责人卡罗和玛莉的前夫刘易斯,警方把他们都请到警察局,协助调查。

露丝听到发生这样的惨剧,吓得哭了起来。她告诉汤姆斯局长,当天晚上 20:00 左右她去过玛莉那里,两人讨论了重新签订版税合同的事情,玛莉还倒了一杯冰镇的松仁露给她喝,大约 5 分钟后她就离开了。

卡罗则挥动着有力的手,显得很激动,强调自己是完全无辜的。他当

天在 20:00 左右去过玛莉家里,准备向玛莉讨回欠印刷厂的费用,可是玛莉只礼貌性地给他倒了杯冰镇苏打水,根本不谈还钱的事情。他一怒之下就骂骂咧咧地离开了,楼下看门的老头能证明这一点。

刘易斯虽然因为财产问题和玛莉离了婚,可是离婚后他们还是好朋友,听到玛莉被害的消息后,刘易斯悲恸欲绝。他回忆说,那天晚上玛莉的情绪很不好,他喝了杯白水,安慰她几句就离开了,想不到竟然发生了这样的悲剧,说到这里,刘易斯难过地痛哭起来。

汤姆斯局长看着眼前 3 个都可能是凶手的人,无法作出判断。一方面他们都没有足够的杀人动机;另一方面现场没有留下任何线索,凶手连弹壳都收走了,就连使用过的玻璃杯上,都只有每个人的指纹,指纹虽然非常清晰,可对案件并没有多大帮助。

汤姆斯局长只好求助于波斯侦探,波斯听完后,沉思了一会儿问道:"案发那天晚上,我记得很热,大概有 37℃,是吗?"

汤姆斯局长一回忆,确实是这样,波斯接着又问道:"杯子上被害人的指纹十分清晰吗? 如果是这样的话,凶手就找到了。"汤姆斯局长有些莫名其妙,凭这点就能认定罪犯吗?

波斯是怎么找到罪犯的呢?

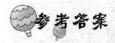参考答案

根据 3 个人的说法,露丝和卡罗都喝的是冰镇饮料,而刘易斯喝的是白水,在炎热的天气里,冰镇饮料会让杯子迅速结出一层水露,这样玛莉小姐留下的指纹就应该是模糊的,所以,凶手是喝了白水的刘易斯,他喝的是常温饮料,对玻璃杯没有丝毫影响,杯子上才留下了清晰的指纹。

虽然凶手作了精心的掩饰,但百密终有一疏。

"拔苗助长"的化肥

一提到化肥,大家都会想到它的神奇作用——科学的"拔苗助长"。其实早在几千年前我们的祖先们就知道,在庄稼地里施肥会让庄稼长势喜人,果实丰硕。那时候人们一直用的是我们俗称的农家肥,包括动物粪肥、草木灰等。虽然人们一直享受着这一神奇事物给大家带来的利益,但是,却没有人真正知道这是为什么。直到有一位著名的化学家揭开了它的面纱。

李比克,德国著名化学家兼济森大学教授,1804年的一个被旁人认为是疯了的行为,验证了他自己的猜想,更造福了人类。

1804年,李比克买下了德国北部一片被誉为"寸草不生"的沙漠荒地,开始了他震惊世界成果的第一步。之后,他又从远处运来一种叫做"石盐"的东西,将其洒在沙漠上,开始种植庄稼。

"这个大学教授是不是脑袋坏掉了?在这儿种庄稼?""是在实验室里做实验折腾不开了吧?""是做实验的时候弄坏了大脑吧?"在大家一片质疑声中,教授坚持着自己的"事业"。

春去秋来,一年过去了,沙漠中神奇般生长的庄稼,狠狠地给了当时看热闹的人一记耳光,当他们又抱着讽刺的心态来到教授买下的那片田地的时候,被眼前绿油油的庄稼,长势茂盛的植物吓住了,所有人心中都产生了同一个大大的问号:

李比克教授是怎么做到让沙漠中生长庄稼的呢?

"其实,这要归功于'石盐'了。"教授说,"这种石盐中富含植物生长所需的养分——钾。原来这片沙地是大家眼中的不毛之地,但是,当撒上了石盐之后,这片地就有了植物生存所需的养分,就给了植物生存的空间。其实,我们大家之前用的传统肥料也是如此。只要庄稼所生长的地方有丰富的碳、氮、磷、硅、钾等元素,都可以让庄稼茂盛生长果实丰硕。"李比克教授的研究也向我们解释了几千年来大家一直在做却不知道为什么的事情

魔鬼一样的创造

——施农家肥可以让庄稼长得更好是由于肥料中含有钾、磷等元素。

李比克教授的研究成果及成功的实践，不仅使当地的居民受益，纷纷向其学习，也造福了世界各地的农民，为植物的生长做出了重大的贡献。尤其是缺乏肥料的欧洲农民，这无疑是从天而降的幸运。

此后，1842年，英国化学家劳斯和基尔马特成功地用腐烂动植物制造出了氮肥，接着德国的化学家弗里茨·哈柏研究的生产氮肥的方法，都为肥料的生产和使用做出了不可小视的贡献，有些至今仍在使用，造福人们。

有了更多科学家的研究和成果，让世界的粮食产量有了保证，更让农民在种植庄稼上有了更多的方法和收获。而那个研究肥料的先驱——李比克教授，给了我们后人前进的方向，他的贡献是不可磨灭的！

神奇的手电筒

手电筒，由于赵本山的一个小品而"一夜成名"，成为了最常见的"家用电器"。而手电筒的产生，就如同人类的进化一样，经历了一个漫长的过程。

这种方便照明的日常小工具的来历可不简单，大约要追溯到我们人类社会发展的初期——原始社会。当然，那个时候并没有手电筒，但是却有一种和手电筒功能相仿的移动照明工具，它便是火柴，也就是我们常说的钻木取火。万事开头难，当那时候的人们有了钻木取火的"技术"，便对火和照明产生了依赖。而正是这种依赖，促使人们在后来的日子里又相继发明了油灯、蜡烛以及手电筒等移动照明工具。

每一次的发明与改革都推动着社会的进步，从火把、油灯到蜡烛、灯泡再到现在各式各样的手电筒，每一次技术的革新虽然不是惊天动地，但是却给人们的生活带来了翻天覆地的变化，使世界的文明进程加快了脚步。

一根火苗可以照亮一片天地。最初的油灯做到了这一点。一根小小的灯芯，一些动物油（后来被植物油或煤油代替），一盏油灯就诞生了！有需要就会有市场，就像人们发明了油灯后，发现有风的时候灯就会被吹灭，于是有人就想到了用纸糊在外面做一个防风罩。后来又有了玻璃罩的油灯，一次一次的进步与完善，逐渐就有了移动照明的初步模型了。

蜡烛的"鼻祖"是在公元前3世纪的时候出现的。那时候人们用蜂蜡做成一根根的蜡烛，更加方便当时的生产生活。18世纪石蜡的发现成为"蜡烛史"的一个革新。用石蜡做的蜡烛优点甚多，在当时大批生产，深受人们喜欢。与石蜡蜡烛一同进步的还有英国人发明的煤气灯。煤气灯的出现亦使移动照明的方法向前迈了一大步。

第二次工业革命不仅解放了生产力，更有大批有利于人们生产生活的发明诞生，也让人们的移动照明工具有了革命性的变化。爱迪生发明的灯泡与法拉第发明的电池"不谋而合"，二者组合在一起，便有了真正意义上的手电筒。经过了时间的洗礼，原本性能不是十分稳定的手电筒在几代人的努力研究下，终于随着碱性电池的问世，其性能也走向了成熟，让更多的人受益。

一个小小的手电筒经历了漫长的发展历程，终于到了如今市场上的琳琅满目，人们的生活中也越来越离不开它的陪伴了。

思维小故事

价值连城的遗产

阿花的叔父是世界上最著名的画家之一，因为他自己没有子女，所以把阿花看作自己亲生的女儿一样。叔父知道自己将不久于人世，所以在去世前将一个信封交给律师，嘱咐他在自己去世后，将这个信封交给阿花。

过了一个月，叔父果然去世了。律师将叔父的信封交给阿花，说里面是叔父交给她的遗产。可是，阿花接过信一看，里面什么也没有，只有一张以花草为背景的信纸，上面写着："你手上的东西就是我留给你的价值连城的财产。"然后就是叔父的签名和年月日。阿花满脑子疑问，不明白叔父的

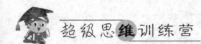

超级思维训练营

意思。

聪明的读者,你可否猜到阿花叔父留下的价值连城的遗产是什么吗?

参考答案

那张信纸就是价值连城的遗产。因为阿花的叔父是世界著名的画家,而信纸上的花草背景是他叔父亲笔所画,并且这是他一生中最后一幅作品,因此也就格外贵重。

扫雷潜艇

如今,越来越多的人开始对海底世界深感兴趣:发人深省的海洋研究,神奇美妙的海底探险。如果想要与海洋有一个亲密的接触,那么,必然会需要借助一个重要的潜入工具——潜水艇。乘坐潜水艇可以到达很深的海底,让人们近距离接触未知的海洋世界。

普通的潜艇大家都见过,但是靠尾鳍摆动以S形"游水"的潜艇,你听说过吗?

受到了仿生学启发的英国科学家正在潜心研究发明这种有着"特异功能"的潜艇。所谓的"特异功能",和它的名字有一定的关系。这种在发明中的潜艇不仅具有一般潜艇的功能,最重要的是它可以充当海底扫雷"士兵"。此潜艇专门用来对付那些遇到轻微的声响或者干扰便会爆炸的水雷。成为名副其实的"扫雷高手"。

现在你一定对它的创新之处产生了兴趣吧?扫雷潜艇使用了被称为"象鼻致动器"的装置,此装置由一种既薄又软的材料构成,柔软性极好,并且可以模仿肌肉的结构组织进行推动鳍的运动。这就是让它在水里可以做到S形前进路线的关键部分。

让我们翘首企盼这种新式潜水艇的诞生。

思维小故事

神秘的鬼屋

夜色漆黑,大雨倾盆,狂风刮过树梢,发出让人毛骨悚然的"刷刷"声。刘易斯和5个同伴深一脚浅一脚地在山地里前进,他们都是绿茵堡中学的学生,今天相约出来玩,想不到在山上迷了路。到傍晚,忽然下起了暴雨,现在他们又饿又累,浑身又被淋得透湿,两个胆小的女同学已经吓得哭了起来。正当他们无计可施时,刘易斯看到前面的山林中好像有幢小屋。他来不及多想,立刻带着伙伴们向那里走去。

大约花了半小时时间,刘易斯和他的伙伴才走到小屋前。这幢小木屋玻璃窗上满是灰尘,屋檐下蒙着厚厚的蜘蛛网,和恐怖片里的鬼屋一模一样,但是,这是孩子们今天唯一可以过夜的地方,他们来不及害怕,推开房门,走了进去。

屋子里到处弥漫着灰尘和发霉的气味,屋子里只有一把椅子、一张简易床和一个制作粗糙的木头桌子,看来是看林人用来临时过夜的简易房。让人兴奋的是,屋子里竟然有一座壁炉!壁炉旁还有砍好的木柴,堆放得整整齐齐。刘易斯连忙生起火,关上门窗,让小伙伴们围拢来烤火。

壁炉里红色的火焰渐渐温暖了小伙伴们冰凉的手脚,让他们觉得舒服多了。可是大家注意到玛丽蜷着身子躲在一边,身体不停地颤抖。刘易斯过去摸了摸玛丽的额头,烫得跟着了火一样。看来是发烧了。他连忙让玛丽躺在床上,玛丽不停哆嗦,嘴里嘟嘟囔囔:"水……我想喝水……"

刘易斯二话不说,提起水瓶就向外冲去。在离开小屋的时候他忽然有种错觉,好像从一个世界走到另一个世界。回头一看,小屋窗口闪烁的火光非常诡异,好似血红的眼睛。

刘易斯独自在密林里冒雨走了近一小时,才找到了一处干净的泉水。他灌了满满一瓶水,却发现自己已经找不到回去的路了!四处都是漆黑的树林,没有一点月光或者星光。无论他怎么狂奔、怎么喊到喉咙嘶哑,这世界好像就剩下他一个人。终于,他由于体力透支,倒在了山路上。

刘易斯醒过来的时候,首先看到的是一张慈祥的脸。原来,看林人清晨起来巡山,发现奄奄一息的刘易斯。刘易斯用嘶哑的声音询问,他的伙伴们怎么样了。看林人摇摇头,告诉刘易斯他们全都死去了。那座小屋是著名的鬼屋,从前有两个看林人也莫名其妙地死在那里。今天早晨,其他小伙伴被发现时,他们面色苍白,全都停止了呼吸。

刘易斯简直不敢相信这是真的!昨天还和自己玩耍嬉戏的伙伴们,今

天就永远地分隔在两个世界。他们不相信鬼屋这样的解释,于是,他拜访了著名的物理学家哈斯,向这位大学者详细介绍了情况。

哈斯听完后,告诉了刘易斯造成小伙伴们死亡的真正原因。

🎈🎈参考答案

在密封的小屋内烧起壁炉,就会不断产生一氧化碳。如果空气不流通。室内的人就会因一氧化碳中毒而死亡。一氧化碳毒气无色无味,非常难以防范。小伙伴们就是这样因一氧化碳中毒而死亡的。因此,无论什么时候都要尽可能记住,燃烧壁炉的时候一定要保持空气流通。

无线电和月光

赚取无数人眼泪的电影《泰坦尼克号》中有这样一幕:当船只遇难时发出了遇难信号,期待附近能有船只过来救援。那个信号,便是无线电波。

无线电产生之后,极大地改变了人们的生活,尤其是在信息传递方面,占据了无可替代的地位。那么,无线电是怎么被发现和使用的呢?

其实,无线电和月光有相似之处,都是不需要特定的载体传播的。这些发现以及无线电的发明是由意大利发明家古列尔莫·马可尼完成的。马可尼从小就有一个理想:即使不用电线的连接,与人也能互通信息。聪明勤奋的马可尼一直为心中的这个理想努力奋斗着,从未放弃。

燥热的夏天,即使是午夜也很难安然入睡,马可尼也是一样。既然睡不着,就又回想起白天做的那个实验。"心动不如行动",他马上起床,去了家里的花园,并在花园的两个墙角各竖起一根吊着金属板的天线,其中一个的一端连着发报机。如此简单的装置让他接收到了百米以外的信号。

这时候的马可尼并没有喜出望外,而是在思考一个问题:月光和电波都是波,为什么月光可以从距离我们如此远的月球射到地球表面,而无线电波却只能接收到近距离的呢?怎么样才能接收到更远的无线电信号呢?

带着不解,马可尼望着天边的月亮陷入了沉思。

终于,他受到了月亮的高度的启发,立即找来了一些可以让天线加高的东西,将天线架在上面。天线的高度在上升,接收到无线电波的距离也在增加。

有了灵感和理论的结合,让马可尼的研究进入了白热化阶段。他巧妙地将月光的原理与无线电相结合,做出了一番成绩。但是却没有被意大利当局重视。"怀才不遇"的马可尼来到了英国,并申报了此项研究成果的专利,且取得了整套发明的专利权。与此同时,马可尼更加潜心研究,不久便用一根仅有50米的天线将电波成功送到了有450千米距离远的英吉利海峡的对面。

面对已取得的成绩马可尼没有沾沾自喜，而是将目标放得更远：通过自己的努力，让信号跨越大西洋！

怀揣着一个理想，便为这个目标不停地努力着。终于在1901年，在助手的协助下，马可尼来到大西洋彼岸的加拿大，成功地接收到了远在英国的助手的无线电波。亲手完成了自己为之奋斗一生的目标，马可尼激动地喊："我终于做到了！我终于做到了！"

这个历史性的时刻不仅幸福了马可尼，也震惊了全世界。

在一段前人从未走过的路上行走，不仅要自己开辟道路，还要遭受路上的荆棘与坎坷，路人的冷嘲和不解。但是，只要坚持，就会走出一条属于自己的阳光大道！

万有引力常数测定法

曹植称象的故事我们都耳熟能详，大象很大，曹植却也能用巧妙的方法称量出它的重量。那么，你有没有想过怎么样能称出地球的质量呢？卡文迪许运用他发现总结的万有引力数值，成功地将地球的质量测算了出来。

卡文迪许是英国著名的科学家，他用石英丝发生扭动来测定磁引力的大小的方法测出了万有引力常数。常人只会看到科学家成功的一瞬间，但是又有多少人知道他们为此付出了多少呢？正如卡文迪许发现万有引力常数，就经历了不少坎坷。

开始的时候，卡文迪许用一根既细又长的杆子，并在杆子的两端分别安装上一个小铅球，用石英丝将两个这样的装置吊起来，接着再用两个大小质量不同的铅球分别去接近小铅球，想用这个实验装置来测算万有引力常数。但是由于当时卡文迪许没有考虑到球与球之间引力过于弱小，肉眼无法观察出石英丝摆动的变化，这个实验以失败而告终。

一筹莫展的卡文迪许十分失落，当他来到街上散步的时候，遇见一群正在玩耍的小孩子。他们每个人的手中都拿着一面小镜子，面对着太阳

光,用镜子将光反射到另一个孩子的脸上,追逐打闹着。看到这一幕,卡文迪许似乎被什么定在了原地。突然,灵感从脑海中闪现:"镜子只要移动一个较小的距离却可以让远处的光点移动很大的距离"。想到这儿,他飞奔回家,迫不及待地将自己的想法付诸于实验。

回到实验室后,他将实验装置改良了一下,在石英丝上安放了一块小小的镜子,然后用一束光去照射,镜子将光反射回来照在刻度尺上。这样一来,即使石英丝有细微的变化也可以一清二楚地看到了。

在卡文迪许的不懈研究与测算下,终于揭开了万有引力常数的面纱。

思维小故事

妙破黄金案

日本的黄金党,屡次作案,使负责这一案件的麦诚探长大伤脑筋。

有一次麦诚探长获取可靠情报,黄金党正偷运大批黄金入境,麦诚探长和助手田中立即前去拦截。据情报告知,运载黄金的汽车是一辆白色全封闭的货车。

麦诚探长和田中果然见到白色货车,但不是一辆,而是两辆。它们不但颜色一样,并且式样大小都相同。田中问麦诚探长应该拦截哪一辆车才对?麦诚探长果断地说:"应该拦截后面那一辆。"

果然不出麦诚探长所料,后面那辆车内装了大批黄金。田中不知麦诚探长是怎样猜出来的,麦诚探长说:"不是随便猜的,我有根据。"

你们知道麦诚探长的根据是什么?

参考答案

麦诚探长是根据后面那辆汽车的轮胎压得很扁,判断出其中一定装有

相当重的货。我们知道，黄金是非常重的。

"钻木取火"带来了火柴

原始社会的人类，在发现天火之前，一直过着茹毛饮血的生活。在漫长的人类进化过程中，对火越来越依赖，用火取暖，烘烤食物等。但是，如何将火种保留下来，一直都是困扰当时人类的难题。

直到火柴的诞生，一举攻破了这个难题。

说到火柴的发明，源于一场实验意外。英国科学家约翰·沃尔克在做一个研究猎枪用的发火药的实验。他用一根小棍子将实验的化学物品金属锑和钾搅拌在一起。实验结束后,由于沃尔克还想留用这个搅拌的小木棍做其他实验的搅拌器材,便将木棍在地上不停地摩擦,想将其表面的物质去除。就在这一次又一次不停的摩擦后,突然"呲"的一声,从木棍的尖部冒出了火苗,进而整根木棍都点燃了。

试验中出现一些小意外是常有的事情,但这个意外并没有吓到约翰·沃尔克,恰恰相反,他从中却得到了启发,一个念头在脑海中应运而生:如果能用这种方法制作成火柴,这样,火种就可以轻松地保留下了,而且还方便使用与携带。

这种方法有点像远古时候的钻木取火,约翰·沃尔克将所有的思路整理好后,便着手研制火柴。不久,世界上第一根火柴就在他的手中诞生了!

一次实验的意外,成就了一项了不起的发明。让人们对于火的认识与使用又踏上了一个新的台阶。

摆的等时性

"滴答""滴答"一阵风吹来,悬挂的吊灯在有节奏地演绎着另类的乐曲。它静静地挂在墙上,等待有人来发掘出它所演奏乐曲的秘密。

我们熟悉的意大利天文学家伽利略,每个周末都要去教堂做礼拜。一个深秋的早晨,他按照惯例去了离家较近的比萨大教堂做礼拜。当他来到宽敞明亮的教堂时,被悬挂在教堂上空的铜吊灯吸引。一阵风吹来,吹动了吊灯,令其左右摆动起来。这个自然的现象却引起了伽利略的注意。经过细心观察,他发现好像虽然每次吊灯摇摆的幅度不同,但是摇摆所用的时间却是大致一样的。

秋风送爽,更送给了伽利略研究发现。又一阵风吹进教堂,吊灯又开始了晃动。伽利略马上按住自己的脉搏来计算吊灯摆动的时间。一下、两下、三下……数到二十下的时候,吊灯摇晃的幅度越来越小,他又重新按住脉搏计算。反复测算了几次,发现吊灯每次摇晃的时间竟然是相等的。

这个发现让伽利略激动不已,做完礼拜后,迫不及待地回到家里验证刚刚在教堂里发现的现象。他将一根绳子的一端系上重物,另一端固定在墙上,然后让其不停地摇摆。经过多次反复的实验,伽利略发现,物体摇摆一次所用的时间与所悬挂的物体重量无关,而是与绳子的长短有着密切的关系。

这便是后来众所周知的"摆的等时性"理论。

有时候摆在大家面前的真理或者发现,却只有少数的有心人可以看得见。伽利略就是这个有心人。他受到启发后,结合他发现的定律先后发明了可以测算脉搏的"脉搏器",计算时间的钟表器械以及天文钟等一系列造福人类的物品。后人又运用伽利略的理论发明了走时精准的机械摆钟。这一系列的发明创造,不仅方便了人们的日常生活,而且让人们更加合理地安排和使用时间。这是一次质的飞跃,更是抒写又一个人类文明的华美乐章!

思维小故事

馆长之死

思考特博物馆是一家私人博物馆,坐落在最繁华的商业区,紧邻一座天主教堂。博物馆主人花了巨大的心血,收藏了许多价值连城的古董,其中最珍贵的,就是一副埃及法老面具了。这副面具来自埃及图坦卡门王的陵寝,用黄金手工锻造而成,表面贴满了珍珠宝石,用来做眼睛的两块蓝宝石更是难得一见的珍品。当考古学家打开图坦卡门王陵,从木乃伊上揭下这个美轮美奂的面具时,全都被它的精美深深折服。后来,几经流传,面具被思考特博物馆的创始人约翰·思考特先生用重金从印度人手中买下,从此成为思考特私人博物馆的镇馆之宝。博物馆的历届主人都对它十分珍爱,现任主人约瑟夫·思考特先生甚至都不舍得把面具陈列出来给观众参

观,而是把它锁在自己办公室里,没有人的时候静静把玩。

这天晚上 18:00,已经是博物馆关门的时间,所有游客都已经离开,保安也完成了例行的安全检查,却还不见约瑟夫馆长出现。这可有点不寻常,一般来说,每天闭馆前约瑟夫馆长都会亲自做一遍安全检查的,保安负责人戴尔敲了敲馆长办公室的门,里面没有任何反应,他觉得有点不对,立刻破门而入,却看到约瑟夫馆长倒在血泊之中!一把匕首准确地刺入他的心脏,他连呻吟声都没有发出就死去了。而办公室保险箱的柜门敞开着,图坦卡门王面具和其他珍贵文物都已经不翼而飞。戴尔还注意到,在馆长办公桌上,一支雪茄烟还没有燃尽,散发出来的袅袅青烟将办公室桌上的望远镜笼罩在一片氤氲中。

连警察都难以想象,在警卫森严的博物馆里,竟然会发生这样凶案!根据桌子上还没燃尽的雪茄可以看出,约瑟夫先生死亡的时间大约是17:00。他们经过仔细调查,发现当天下午来拜访过约瑟夫馆长的只有收藏家凯德尔先生,但是他在下午13:00就离开了博物馆。并且,17:00的时候他正在出席一个慈善募捐活动,有完整的不在现场证明。

负责侦破工作的警察拜尔感到十分棘手。约瑟夫先生喜欢打高尔夫球,身体十分健壮。如果凶手是从窗子外面跳进来的,那么约瑟夫先生一定会大声呼救,并且和凶手展开搏斗。但是一切都在悄无声息的情况下发生,匕首插进心脏,说明凶手是在跟他很近的地方作案,而唯一有可能接触过约瑟夫的凯德尔又不在场,这场神秘的凶案里,究竟谁是真正的凶手?拜尔走到窗口,看到了旁边天主教堂的尖顶在夕阳下拉出长长的影子,又回头看到桌子上的地球仪、望远镜和古董,忽然明白了凶手是如何成功作案的。

参考答案

凶手在作案后把雪茄放到桌子上,再将望远镜的焦距调整到下午5点太阳的位置,对准雪茄烟的头部。傍晚17:00的时候,阳光开始聚焦在雪茄上把它点燃,从而造成了约瑟夫先生是17:00才去世的假象。从作案手法上看,能够贴身作案的人一定和约瑟夫先生很熟。再加上刻意篡改的时间证据,凶手很可能就是凯德尔!

"矿井"中出来的空调机

炎热的夏天,如果不能去避暑胜地度假,那就会需要一台可以控制温度的空调。在您享受着空调给您带着来的冬暖夏凉时,是否思考过这样的问题:是谁发明了这样高档又很实用的机器呢?

空调机是从矿井中"走"出来的,可能您有点不敢相信。一个是条件恶

劣的地下采矿,一个是高档甚至有点奢侈的享受品,简直是风马牛不相及啊。但是,空调机的发明确实离不开矿井的"功劳"。

1881年美国前总统加菲尔德不幸遇刺,生死悬于一线。随同人员马上将他送往临近的医院。天公不作美,那一年的华盛顿酷暑难耐,出现了异常的高温,这给总统的救治带来了很大的麻烦。为了挽救总统的生命,一个名叫多西的矿山技术人员临危受命,负责设法降低总统病房内的温度。

接到命令时,多西就清楚地意识到这次任务的重要性和艰巨性。时间紧任务重,多西不容多想,就立刻投入到了研究工作中。

为了能够尽快研究出解决办法,多西日夜不停地思考、做实验。希望能尽早研究出来方法,救总统于危难当中。他想到了用干冰为总统的病房降温,于是就来到了医院与医生沟通。但是医生否定了多西的想法。因为干冰虽然可以降温,但是温度却不易控制,并且当干冰汽化之后室内温度会再次迅速上升,这样会危及总统的生命。

放弃了干冰降温的想法后,多西又陷入了苦思冥想中。他本是一名矿山技术人员,上级因为他聪明过人,才派给他这样艰巨的任务。但是,这个难题却令才思敏捷的多西也束手无策了。

毫无头绪的多西走着走着,便来到了平日里工作的矿井边,突然想起了矿井工作的原理。矿井通风的时候,由于空气压缩,会放出大量的热,使周围变得很热;而当压缩空气还原时,又会吸收大量的热,这样周围的温度就会明显低于正常温度。想到这一点,多西的思路豁然开朗:"那我就用压缩空气的方法帮助总统的房间来降低温度了!"

多西开始着手研究这样可以压缩空气以达到控制室温的机器。苍天不负苦心人,经过一番努力,多西终于研究出了这样的机器。但是带到医院却被医生告知机器太大,又有噪声,不利于总统休息。多西又回到家重新研究,寻找降低噪声且将机器改小的策略。

最后,多西终于成功地制造出了一台可以给总统使用的机器,并将病房的温度控制在25℃以下。

科学没有高低贵贱之分,每种科学现象之间都有着一种神秘的联系。这就是世界上第一台空调机诞生的过程。

思维小故事

逃脱捕熊器

　　一位老猎人孤独地住在大森林里。他本来是个强壮的汉子，因为几年前误踩到一个装有铁齿的捕熊器上，伤得很厉害，又因为是独自一人住在

魔鬼一样的创造

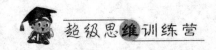

森林里,没能得到及时治疗,腿脚活动很不方便,他只能改业从事养蜂。熊是很喜欢吃蜂蜜的,所以老人在他的住房周围,挖了一道道陷阱,还装有捕熊器。

有一天,两个被通缉的逃犯跑到森林里来,正饥渴难熬时,发现了老猎人的房子。他们走近一看这位猎人正在装设陷阱。他们轻手轻脚靠近后,其中一个飞起一脚,把老猎人踢到陷阱中,只听老猎人大叫一声,一条腿已被捕熊器夹住了。两名逃犯很是高兴,以为老猎人这一下非死即伤,立即闯进房子里找寻吃的东西。当他们正得意忘形地喝酒吃肉时,房门突然打开了,老猎人手持猎枪对着他们。

请你们想想,老猎人为什么这么快就从捕熊器中脱逃出来,并且抓住了逃犯呢?

老猎人曾被这种厉害的捕熊器夹坏了腿,并且未得到及时治疗,造成现在行动不便,不能再打猎,很可能是装上了假腿。这次被夹的应该就是这条假腿,所以他才能从陷阱中爬上来对付两个逃犯。

如同梭子的双尖绣花针

武汉市义烈巷小学的王帆带着自己发明的双尖绣花针出现在第四届全国青少年科学发明创造比赛上,凭借独特的创作理念一举夺魁,荣获了本次大赛的一等奖。相信有很多人都会对这种双尖绣花针感兴趣,也不禁发问:一个小学生,是怎么想到发明绣花针的呢?又是如何做到的呢?

王帆是一个聪慧好学又乖巧的孩子,一次陪着妈妈去姑姑家拜访姑姑时,正赶上姑姑在刺绣,好奇的王帆就在一旁观察。看到姑姑的双手忙忙碌碌地,一会儿上面一会儿下面,就像车辆穿行在高速公路上一样。王帆已经是目不暇接了。

见姑姑停下了手中的刺绣，王帆看着刺绣，对姑姑说："原来刺绣这么辛苦啊！"

"是啊。不是都说'看花容易绣花难'吗？在绷面上绣花可是名副其实的功夫活呀！"姑姑说着，便演示给王帆看。"你看，每绣一针都要重复这样的过程。先把针插进去，线拉直，然后翻手；第二步还要调转针尖的方向，重复刚刚的过程。周而复始，时间久了，不仅眼睛花了，手腕也受不了，又酸又疼。"

看着姑姑辛苦的样子，王帆心中想："如果有一种不用翻手腕的针就好了。"

从姑姑家回来，王帆就一直在思考这个问题。把"不用翻手腕的针"时刻放在心里，想早日帮助姑姑解决这个难题。

时间不慌不忙地走过，可是困扰王帆的问题却没有一点眉目。一次在和家人一起看电视节目的时候，看到了渔民织网的画面，让她受到了启示。

"渔民用两头都有尖儿的梭子织渔网，网线在中间，这样织网，既迅速又不用翻手腕，又快又好，刺绣的针也可以模仿这个呀！"想到这，王帆马上将想法付诸于实践。

想法是美妙的，但是现实永远都是曲折的。王帆开始实施计划时遇到了难题：在大头针的中间打出一个眼儿来，还真不是一件简单的事情。

看着眼前的工具，王帆似乎有一种"望洋兴叹"的感觉。当她灰心丧气的时候，是爸爸的一番鼓励帮她重拾了信心。

"慢工出细活"，王帆一直在心里对自己说，并且不停地给自己加油。在爸爸的指导帮助下，王帆终于成功地在针上打出了第一个眼儿。第一根双尖针也就此诞生了。

"终于可以让姑姑不再那么累地刺绣了！"王帆欢呼雀跃。随即将自己发明的双尖针送给姑姑和左邻右舍的阿姨们使用。

大家都为王帆的这个打破传统的发明惊叹不已！

魔鬼一样的创造

用牛皮"铺"出来的皮鞋

在各大商场中,鞋的种类数不胜数,无论是高跟鞋、帆布鞋、凉鞋还是皮鞋,都是既美观漂亮又护脚舒适的。越来越多的人喜欢在追求鞋子质量的同时更加注重鞋子的外观,鞋也成为了美丽的一部分。但是,在很久以前,鞋的作用仅是为了走路不被脚下的碎石划破脚掌,是保护脚掌的东西。

据说,很久以前的人们是不穿鞋的,上至天子国王下至黎民百姓都是赤裸着脚行走的。有一次,一位国王准备去距离国都较远的地方,可是天不遂人愿,偏偏在要出行前一天下起了倾盆大雨,一连几天,都是阴雨连绵。国王的这次出行不得不在恶劣的天气面前低头。

又过了几天,天气有所好转。国王选了一个阳光明媚的天气准备出行。行走在路上的国王完全没有了当时的好心情,由于刚刚下过雨,路面上泥泞不堪。偏偏在没有干好之前又被动物踩得坑坑洼洼,再加上道路的崎岖不平,脚掌踩上去钻心地疼痛,使国王的此次出行不欢而散。

回到皇宫之后,国王马上召集了众位大臣,并且下令要将全国的路都用牛皮铺上。

大臣们一头雾水,不知道国王这么做是为了什么。

"陛下,这么做是为什么?"对于一直光脚行走的人们来说,国王的这个决定让所有人都不能理解。

面对臣子的疑问,国王将今天的事情和大家说了,并表示不愿让自己的臣民再遭受这种痛苦了。

国王爱民如子固然让所有人敬佩,但是,国王的决议却是很难实行的。即使将全国的牛都杀掉,也不够铺全国的道路呀!况且,这样大的工程所要耗费的人力物力财力也是不容小视的。

正当大家讨论却无对策的时候,一位聪明的大臣站了出来说:"陛下,我有一个两全其美的方法,可以不必大费周折劳民伤财,又可以解决人民走路不用伤到脚掌的问题。"

包括国王在内的所有人都产生了疑问，半信半疑的国王说："什么办法？你说说看。"

"不如每个人的脚上都裹上两块牛皮，这样就不会被崎岖不平的路所伤到脚了。"

"言之有理啊！真是一个好办法。"国王听取了大臣的意见，并下旨实行。

那时的皮鞋虽然与我们现在的皮鞋迥然不同，但是，皮鞋却就在此基础上诞生了。

思维小故事

防盗专家的盗技

尤氏投资财团决定在沿海某市投入巨资拓展事业。为获得最大的广告效应，财团决定在该市最大的国际会议中心展厅，举办一个全面展现尤氏投资财团实力的展示会。

展示会将尤氏财团在全世界各地的企业及其产品、服务等作了精美的展示，首日参观人数即突破10万。

展示会中，展示尤氏南非钻石采矿业部分的展柜中，有一只命名为"圣母珠"的展柜最为引人注目，因为柜内安放着号称150克拉的巨钻"圣母珠"，其价值据称超过1000万美元。

为安全起见，财团特从国外专聘防盗专家为"圣母珠"制作了展示柜，柜体全部由特殊防弹玻璃组成，数十千克打击力的铁锤和子弹都无法击碎穿透。

"圣母珠"展柜边，还特别安装了监控仪，任何对"圣母珠"的偷盗动作都将尽收"仪"底。

然而，就在展会举办的第四天，也即元宵节那天晚上，盗贼趁着震耳欲

聋的爆竹声,用铁锤击碎防弹玻璃,盗走了巨钻"圣母珠"。

监视仪显示了盗贼作案的全过程,可盗贼蒙了面,尤氏财团董事长因此对此地治安状况,提出了尖锐的批评。

岂料董事长话音未落,看完监控录像的该市警察局局长斯特便指出:盗贼就是尤氏财团请来安装展示柜的防盗专家!而理由仅仅是因为盗贼用铁锤敲击时一下子就确定了敲击点。

可是,尤氏财团的董事们不明白,那防弹玻璃经过试验,是击不碎的啊!

盗贼使用了什么高超的盗技,击碎了防弹玻璃?

警察局局长斯特又是怎样一眼认定盗贼就是防盗专家的呢?

因为根据防弹玻璃的科学属性,整体的防弹玻璃是难以摧毁的,但是,如果玻璃上有了微小的缺陷,那么只要略用外力,便会将防弹玻璃击碎。而能知道这微小缺陷的人,只能是防盗专家,所以盗贼就应该是尤氏财团请来的防盗专家。

魔鬼一样的创造

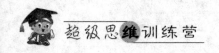

第三章　人类自我的启发

自行车是马车的一半

　　自行车，作为最常用的代步工具深受人们喜爱。近年来，随着社会的发展，越来越多的私家车出现，自行车也逐渐淡出"交通工具历史"。看似简单无奇的自行车，却也经历了一个漫长而复杂的过程。在这个过程中凝结了无数人智慧的结晶，自行车的每一个零部件都有不同人的汗水与智慧。

　　你怎么也不会想到，自行车的发明灵感来源于马车。

　　1790年的一个雨后，西夫拉克走在法国巴黎的大街上，享受雨后初晴的美好心情。当他走到一个水洼处时，恰巧一辆马车飞驰而过。不可避免的，水洼里又脏又臭的水溅到西夫拉克的身上。路人都为西夫拉克打抱不平，训斥那辆鲁莽的马车。西夫拉克却没有生气，也没有怪那辆马车，只有一些思考的神色，不久便回到了家中。

　　西夫拉克一边换下被溅到脏水的衣服一边想："如果将马车的体积缩小可不可以呢？将原有的马车进行改造，变成两个轮子的车。这样既节省空间又会避免刮伤路人。"

　　想法是发明创造最好的老师。西夫拉克脑海里大概有了改装后马车的样子，便将想法画成图纸，做成实物。终于在1791年，第一辆"木马轮"小车与世人见面了。虽然它是木制的，自身存在着没有驱动装置和转向装置,需要靠双脚用力蹬地才能行动,转弯的时候需要自己下车去移动等缺点,但这些缺点却都无法磨灭它是现代自行车原型的事实。

有了领路人的指引,更多的人开始对"木马轮"进行加工和改造。德国人杜拉伊斯在 1816 年发明了带有转向装置的木马轮。这个转向装置就是我们现在自行车车把的雏形。有了它,方便了转弯等在骑行过程中遇到的困难。

无论是西夫拉克发明的木马轮还是杜拉伊斯改造后的木马轮,都缺少驱动装置,这一直是一个很大的缺憾。直到 1840 年,英国人麦克米伦在前人的成果上,添加了后轮的曲柄。并且让车的前后两个轮子有了大小之分,又将车轮制作成铁的。然后他把前面的脚蹬与后面的曲柄用连杆连接。改造后的小车,只要蹬脚蹬就可以动了。

不满足于现状才会有进步。在麦克米伦改造后的小车的基础上,法国的米肖父子又想办法为小车的前轮上安装了脚蹬版,方便脚用力。为了骑车的时候可以舒适一点,他们又在前轮的后方放置了一个座椅。这是一个突破性的进展。

直到 1874 年的,英国人罗松为自行车安装了车链子,约翰用橡胶制作轮胎,邓洛普研究如何为轮胎充气。1888 年,第一辆真正意义上的自行车在约翰的手中诞生了!

这时候,现代自行车的定义才真正地产生,也真正地具备了自行车的特征与性能。

看似平凡简单的物品的发明也会经历无数风雨,在几代人的手中成熟,我们应该珍惜每一项不平凡的创造,它在悄悄地改变着世界!

电风扇与挂钟

如果说电风扇的发明灵感来源于挂钟,可能你会不屑一顾地说:"怎么可能? 八竿子打不着的两种事物怎么会有联系呢?"其实,挂钟早在风扇出现之前就已经被人们所用,也正是挂钟提供给人们灵感,将一些原理应用

魔鬼一样的创造

在新的设计上,完成了风扇的创作。

在 1830 年以前,每当人们酷暑难耐的时候,就只有用自制的扇子煽风解暑,但是这样消散了一些热量的同时,又会产生新的热量,并且长时间摇扇子胳膊就会又酸又疼,得不偿失。美国人詹姆斯·拜伦在一次维修自家的挂钟时,受到了挂钟内部发条的工作原理的启示,发明了一种利用发条带动的机械风扇。但是这种风扇必须固定在天花板上,每次上发条都要爬到屋顶。虽然风扇给人们带来了凉爽的感觉,但是却很费力气。

为了让人们可以舒服地享受风扇带来的凉爽,法国人约瑟夫研制出一种以发条涡轮为动力,用齿轮链条装置带动风扇转动的机械风扇。这种风扇在原理上与拜伦的发明大同小异,但是后者却较精细方便,将风扇发展推上一个新的台阶。

世界上第一台风扇于 1880 年在美国问世。舒乐做了一个大胆的尝试:把叶片直接装在电动机上,然后接通电源,借用电力带动叶片飞速转动从而产生风力使人有凉爽之感。舒乐的成功,让我们实现了舒适地享受风扇带来凉爽的愿望!

风扇一步一步地走向成熟,在我们享受清凉的同时不能忘记:风扇不是由于燥热应运而生的,而是受到了挂钟启示的产物。

妻子带来的海军服

有一种裤子,它穿在身上不仅大方美观,舒适保暖,在水里还可以充当救生圈使用。这就是海军军服的裤子。它的设计理念独特,无论男女海军,穿的都是裤腿非常肥大、前面没有裆口,腰部两侧的裤衩用扣子紧紧连在一起的军裤。或许有人会说,这样的裤子男人穿着有些不伦不类,为什么要将海军的裤子设计成这个样子呢?

存在即合理。海军军服的裤子之所以这样设计,自然有它的道理。裤子肥大宽松,在水中极易脱落,垂直在水中时便会迅速填充满满的空气,从而鼓起来。如果海军在海上突遇不幸,掉入海中,这个"自备救生圈"就起到了至关重要的作用。

这样具有安全性的海军服可不是从海军诞生的时候就是这样设计的，它"归功"于一个妻子的裤子和一场海战。

当人们开始有了征服海洋的欲望的时候，海军应运而生。18世纪的时候，各个国家积极培养海军，尤其是英国。约翰·卡尔是当时一名出色的海军战士。一次随军队出行到一个军港，恰好他的家就在这附近。常年的在外行军让他对家的思念愈演愈烈，他不能做到"三过家门而不入"，于是在军舰靠岸休息时，他请了假回家与家人团聚。

但是就在当天深夜，约翰·卡尔与妻子都进入了甜蜜的梦乡时，却被一阵紧急出航的汽笛声惊醒。笛声就是命令，卡尔立即起身，慌乱地穿上裤子抱着衣服就向军港跑去。

当所有人集合完毕时，卡尔的战友发现卡尔的裤子有些特殊。卡尔这才知道，自己在慌乱之中竟然穿上了妻子的裤子！卡尔不好意思地低下头，这个笑话着实被战友们嘲笑了一阵。

祸不单行，在卡尔的笑话还没有传遍整艘军舰的时候，一颗水雷袭击了这艘军舰。敌人的偷袭让整艘军舰的人措手不及。很快，军舰开始下沉。所有人弃船逃生，纷纷跳入海中。

在慌乱中卡尔完全乱了阵脚，本就不擅长游泳的他落水后更是手忙脚乱，不几下就把穿在身上肥大的裤子蹬掉了。绝处逢生，裤子竟然从海底浮了上来，而且裤管里充满了空气。卡尔喜出望外，赶紧抓住这个"从天而降"的救生气垫，随风漂泊了17个小时之后被救。遗憾的是船上其他32名战友全部遇难。

劫后余生的约翰·卡尔见到妻子后，第一句话就是"谢谢你，如果没有你的裤子，我就已经葬身大海了"。

得知了约翰·卡尔的事情，英国海军方面深受启迪，立即着手研究，开发出一种可以"自救"的海军服，为今后的海军出行提供了又一层安全的保障。

魔鬼一样的创造

思维小故事

火车站谋杀案

每天有成千上万的旅客通过伦敦火车站，然后去到英国各地。今天，亚当斯也在熙熙攘攘的人群中，他准备到曼彻斯特去度假。

"对不起,请让一让。"身后有人礼貌地说。亚当斯侦探连忙让到一旁,只见一个身穿黑色长裙的贵妇,推着轮椅走了过来,轮椅上坐着一位老人,他蜷缩在轮椅里,表情十分僵硬。

"有什么需要帮忙的吗?"亚当斯侦探询问道。

"谢谢,我想不用了。"贵妇婉言谢绝,她叹了口气说道,"这是我的父亲,他偏瘫已经有一年多了,现在,我打算带他去曼彻斯特治病。"

亚当斯接着彬彬有礼地说:"曼彻斯特吗?正巧我也去那里。要不结伴同行吧。如有什么需要帮忙的地方,我一定尽力效劳。"

贵妇婉言拒绝了亚当斯的好意。她推着轮椅,慢慢消失在人群中。看着她的背影,亚当斯侦探忽然觉得有点不对劲,可到底哪里有问题,却也说不上。转眼开车的时间到了,一列从远处开来的火车此时也呼啸着马上就要进站了,亚当斯拿起行李准备上车。

突然,尖利的刹车声响彻车站,刹车片在铁轨上磨起阵阵火花,伴随着旁边乘客的尖叫,刚刚进站的火车以飞快的速度撞上了出现在铁轨上的那辆轮椅车,那位可怜的老人当场死亡。

亚当斯马上停住要上车的脚步急忙赶过去,见刚才的那位黑衣贵妇正坐在地上哭泣。她嘶哑地号哭,自责地拍打着自己的脸,然后开始对火车司机怒骂。几位乘客试图安慰她,但是她的情绪始终无法平静。警察迅速赶到,一位年轻警员开始向她了解情况。

黑衣贵妇哭诉道:"刚才我好端端在等车,送我父亲到曼彻斯特治病。谁知道火车进站的时候,一股强大的气流向我吹过来,把我一下子向外吹,我一时站不稳,跌倒在地上。而我父亲的轮椅顿时失去控制,一下子冲下站台,卡在铁轨上!然后……都是这该死的站台设计,我要告这该死的火车站!"

"女士,很遗憾你说的是假话。"亚当斯侦探在一旁冷冷地说,"不管你是因为遗产还是其他的原因下这样的毒手,你都不能逃脱法律的制裁。警察先生,你应该立刻拘捕她。"

你知道亚当斯侦探是怎样知道她在撒谎的吗?

参考答案

火车进站的时候,由于车速很快,所以会在火车周围形成强大的低气压,但是这样的气压不会将人向后吹倒,反而会把穿宽大衣服的人吸过去。因此,贵妇显然在说谎。而且她送父亲到曼彻斯治病,竟然没有携带任何行李,这更让人怀疑她早有预谋,去治病只是个幌子而已。

"剩汤"之中的味精

味精是所有美味佳肴不可或缺的调味品,小小的味精对于菜肴有着神奇的作用。这种厨房中必备的物品是怎么被发现的呢?

味精的起源,要从1908的一个夏天说起。日本有名的化学家池田菊苗是一个"实验狂",常常因为一个实验而把自己弄得精疲力竭。有一天,他做完一项实验回家,已是疲惫不堪。但是看到妻子做好的饭菜和汤,又提起了食欲。

池田菊苗端起碗开始享受这顿美味的午餐。可能是一上午没有进食的原因,他觉得这顿饭格外的香,尤其是那碗汤,不禁夸赞妻子"这汤真香、真鲜"。

妻子听了他的话,面露愧色地说:"这只是一些黄瓜和海带烧的汤,今天去市场有点晚,没有买到新鲜的蔬菜。"

"这个很好喝,我非常喜欢。"说着,又若有所思地喝了一大碗。

"海带和黄瓜在一起煮居然可以这么鲜香,会不会是海带的'功劳'呢?"池田菊苗凭借直觉与多年的工作经验,开始着手这个被他叫做"鲜香秘密"的研究。

他取来一些海带,开始进行细致的化学分析。经过了半年的研究,他终于解开了"鲜香秘密"。原来,海带中含有一种叫做"谷氨酸钠"的物质,正是这种物质释放的"能量",让汤变得鲜美可口。

在这个发现的基础上，池田菊苗进行了进一步的研究，并发明了味精，让更多的人可以吃上味美色香的饭菜。

一项伟大发明的灵感往往来源于生活中的日常小事，只要我们留心生活，用心感知，也会在生活中获取不少的启发，甚至会改变现有的生活！

伽利略的温度计

温度计是家庭急救箱中不可缺少的成员之一，它可以如实准确地告知你的体温。一支小小的温度计却能解决医生了解病人病情的大问题，在医学不甚发达的年代，它的功能也是不可小视的。

著名的意大利科学家伽利略有一个做医生的好朋友。在一次闲聊中，他的朋友无意中提到，在为病人治病的过程中，无法准确地了解其体温状况，这个不足可能会让很多人失去救治的最佳时机，如果有什么仪器可以随时测出病人的体温就好了。伽利略听了也有同感，并表示会竭尽所能，尽早发明一种器械来帮助他解决这个医学难题。

没有一项发明是苦思冥想就能做出来的，就像温度计一样。虽然伽利略认真努力思考研究，却一直没有进展，直到有一天他给学生上实验课，灵感的大门终于打开了。

实验课上，学生们都认真地观看伽利略做实验。他一边操作，一边与学生们互动提问。

"随着水的温度的升高，直至沸腾，为什么水位会升高？"

"当水沸腾的时候，体积变大，水因膨胀而上升。"

"温度下降，水渐渐冷却，体积又有开始变小，水位就会下降。"

一次平常的课堂互动问答，却意外成为了一项伟大发明的前驱。

下课后，伽利略急忙赶往实验室，根据热胀冷缩的原理，将一只试管握在手中，试管内的空气逐渐升温。然后将其倒插入水中，水就会自己"走"进试管内。他又握紧试管的底部，这时，水又退回去了。

"原来可以利用水的升降来检测温度。"想到此，伽利略又反复进行了

魔鬼一样的创造

很多研究实验,最后,他用一根灌了水的很细的试管,将其内部空气抽干后封住试管口,并在试管的外壁标记上了刻度。他迫不及待地将这个自制的温度计交给他的医生朋友使用。当病人握住温度计时,果然测出了他的体温。

伽利略成功了!虽然不是很精细,却是献给医学界的一个惊喜!

汽车的发动机

在没有汽车之前,马车一直是主要的代步和运输工具。但是,马车受自然因素影响较大,并且速度上没有优势。直到汽车的出现,让马儿卸下了沉重的"工作任务"。而汽车的动力源泉是"藏"在身体内的发动机。发动机就像汽车的心脏,支持机车发动,为汽车的行驶提供源源不断的动力。如果将发动机从汽车的身体中取出来,再昂贵的车身也无法行动,再也没有飞驰的快感。

这个汽车的心脏——发动机是怎么被发明使用的呢?这就要去多年前的德国看一看究竟了。

多年以前,不止是德国,全世界都处在一个生产力低下的社会环境下,马车是主要的运输工具。德国有一个叫奥托的年轻人,他是一个聪明好学又极具同情心的人。虽然年幼丧父,中途辍学,但是他没有放弃学习。一边在杂货铺做学徒,一边自学文化课程。虽然没有接受过高等教育,但是他的进取心促使他一直坚持自己的研究。

每当奥托看到马车从身边经过时,都会心生怜悯。"可怜的马儿,什么时候你们才能解脱呢?能不能有一种机器安装在马车上,助马儿一臂之力呢?"

不久,奥托听说法国的工程师鲁诺瓦设计了一种两冲程内燃机,可以将其装在马车上,为马车提供动力。这个发明与奥托的想法一拍即合。在旁人都以看热闹的心态去对待这个新式的机动马车时,奥托却深受启发,也更加坚定了无论如何都要设计出一款高效的机动马车,让天下成千上万的马儿"解放"的信念。

虽然研究的条件艰苦,但是他没有向困难低头,而是坚持不懈地实验。终于被他总结出来决定发动机动力大小的两个关键所在:第一,燃气的选择至关重要,燃气与空气的比例控制在多少才会有最佳的效果;第二,如何让活塞运动的过程——进气、压缩、点火、排气4个环节可以一气呵成。

奥托的研究已经进入了炽热阶段,研究结果呼之欲出。当他带着自己发明的4个汽缸联合运动的四冲程式发动机去当地的专利局申请专利时,却被泼了一盆冷水。专利局以"此项发明不可靠"为理由,驳回了他的申请。

沮丧的奥托在山穷水尽的家境和自己的发明渴望之间,进退两难。天无绝人之路,他的朋友朗根知道了他的事情后,义无反顾地资助他,从此奥托开始改进和完善自己发明的发动机。

时间老人送走旧历迎来了新年,同时也带来了奥托成功研制的每分钟100转的内燃机的喜讯。

奥托在逆境中看到了光明,并将这份光和热带给了更多的人。他不仅完成了自己"解放"马儿的愿望,更加推进了社会的进程。越来越多的机动车被制造出来,它们的动力核心,都是奥托研制的内燃机。从此,内燃机开始在交通工具的历史舞台上担当着不可替代的角色。

思维小故事

小偷的智慧

有一次,号称日本最完美的钻石"天皇之星"在东京市博物馆展出,这是日本最美、最名贵的钻石了。

为保证钻石的安全,博物馆在本来就戒备森严的展览厅里又新增红外线监控系统,只要有人在非开放时间进入展厅,红外线就会立刻感觉到他

的移动,警卫甚至可以在电视屏幕上清晰地看到进入者的图像。博物馆馆长放心地说,钻石进了博物馆,比进了保险箱还安全。

　　深夜,经过一天劳累后的警卫们都打起了瞌睡。一个小偷悄悄地溜了进来,那个小偷先不急于走进展厅,而是从口袋里摸出一面小镜子,小心翼翼地沿着墙角来到第一个发射仪面前。他再次观察了红外线发射仪的方向,然后用最快的速度把小镜子竖在发射仪面前,一个小小的红点开始在镜子中央闪烁。

　　他知道现在这个发射仪发射出来的红外线会被全部反射回去,这等于让红外线装置变成了瞎子。用同样的方法,小偷很快搞定了所有的发射仪,他立刻来到大厅中央一人高的宝石展柜前。

"天皇之星"在暗淡的光线里发出夺目的光彩,小偷拿出笔记本电脑,开始破译展柜的密码。5分钟后,密码成功破译,展柜悄然无声地打开了。

　　就在小偷把"天皇之星"拿到手上的时候,忽然四周警铃大作,博物馆的大灯一下子全部打开,照得大厅亮如白昼,4名全副武装的警卫冲了进来。

　　"放下钻石,放下钻石!"警卫大叫。

　　"该死!原来钻石下面还有压力感应系统!"小偷开始为自己的疏漏而后悔。他把钻石揣进口袋,高高举起双手。

　　"把身上所有的东西扔过来。"警卫高声喊道。

　　小偷把身上装工具的包、电脑、手表甚至钥匙都扔了过去。

　　"把钻石放回去!"警卫对他的合作表示满意,继续高声喊道。

　　小偷犹豫了一下,忽然一猫腰钻进展柜,举起用来托钻石的花岗岩底座,把钻石放在下面,大声叫道:"不要逼我,否则我砸碎钻石!"

　　警卫顿时面如土色,他们没想到事情会发展成这个样子。经过短暂讨论,一个警卫按下了遥控开关,展柜迅速关上。现在,轮到小偷傻眼了。

　　"既然你不愿意出来,那就在防弹玻璃里过一夜吧。"警卫笑道:"晚安,先生,明天会有人来收拾你的。"

　　第二天,当博物馆警卫带着警察走进大厅的时候,他们惊讶地发现小偷竟然划开玻璃,带着钻石逃走了!

　　小偷所有的工具都被收缴,他是怎么跑出去的呢?

参考答案

　　愚蠢的警卫忘记了钻石是世界上最坚硬的物品,小偷只要用钻石就可以划开玻璃,轻松逃走。至于花岗岩底座,因为是大面积冲击玻璃,反而很难让防弹玻璃碎裂。

魔鬼一样的创造

电炉取代油炉

美国有名的记者休斯是一个正直敢言的人,他写过许多披露社会丑恶现象的文章,惹恼了报社的投资商。面对妥协,他毫不犹豫地选择了离开。这样,一个毕业于新闻系的才子退出了新闻界。这或许是他发明电炉的一个重要前提。

1900年的一个旭日东升的早晨,休斯去新婚的朋友家做客。到了午饭时间,朋友的妻子做了一桌丰盛的菜肴,令人垂涎欲滴。

开始品尝饭菜的时候,休斯却觉得菜吃到嘴里的时候,有一股怪怪的味道,像是煤油味儿,不由得吐了出来。朋友及妻子见状,马上也尝了几口,脸上写满了歉意。妻子连忙解释道:"真是不好意思,可能是刚刚炒菜时我弄煤油炉不小心把煤油弄进锅里了,我再去重新做几道菜吧!"说着妻子便去了厨房。朋友听了是煤油炉的问题,也不由得抱怨起这个炉子了。

"这个炉子真是成事不足败事有余啊!三天两头地坏掉,这回又这样,唉……如果能有一台不用煤油的炉子就省事多了。"

午饭后,休斯告别了朋友,便急忙赶回家。因为刚刚在朋友家中的事情,让他有一个想法——发明一台电炉,于是马不停蹄地回到家便开始查资料着手研究。

就像没有一帆风顺的航行一样,休斯的发明也经历了无数次的失败,但在每次失败之后,他都用心积累经验,期待下一次的成功。

几年的光景转眼即逝,被失败洗礼过无数次的休斯终于在一间小小的实验室中完成了人生中第一项伟大的发明——世界上第一台电炉诞生了,从此结束了煤油炉的窘迫时代!

电炉的成功发明使用不仅是家庭厨具的革命,对于休斯个人来讲,更具有划时代的意义。从此,他又相继发明了电锅、电壶等家用电器,并成立了一家公司,专营这些家用电器。

"是那顿并不如意的午餐成就了我一生的事业。"回忆往事时,休斯带着微笑说。

人类的第二生命

血管是血液流经的管道,遍布全身。任何一根血管出现了问题,后果都不堪设想。尤其是心脑血管,一旦破裂,救治不及时便会危及生命。正是为了解决这个医学难题,人造血管应运而生,给了无数人第二次生命。

据相关资料显示,到 1982 年,世界上就已经有 37 万人在使用人造血管了。相信这时的你一定对人造血管产生了疑问:人造血管是什么材料制造的呢? 是谁将人造血管成功地运用到临床医学中呢? 就让我们带着这些疑问来看看下面的故事,了解人造血管的产生及发展史。

在 20 世纪 60 年代,美国有一家有名的电缆制作公司——戈尔公司。公司的老板就是拒绝了杜邦公司高薪聘请的戈尔。他一心经营自己的公司,并将其带上了正规的发展道路。公司主要经营用聚四氟乙烯作为原材料的电缆。当时的市场需求量很大,戈尔公司生产的电缆质量又过关,所以公司的效益非常可观。但是,市场就像一块大蛋糕,当知道了蛋糕的甜美之后,就会有更多的人来"分一勺羹"。好景不长,市场的饱和及竞争对手的增加,让辉煌一时的戈尔公司也面临着倒闭的危险。

面对如此棘手的问题,戈尔的儿子鲍勃向父亲提议:

"爸爸,我们不能这样坐以待毙,应该着手开发研制新产品,让公司起死回生。"

对于自己的这个化学博士儿子,戈尔很是信任,也很赞同他的想法。但是,说的容易做起来却是举步维艰。

"研发新的产品,哪是件容易的事情啊! 况且公司现在没有资金供给研发使用啊!"戈尔说出了自己的顾虑。"如果能用聚四氟乙烯做材料,将其拉长却又无损其性能,这可能会解了公司的燃眉之急啊!"

将聚四氟乙烯材料拉长,鲍勃觉得父亲的这个提议很好。但是,聚四氟乙烯到底能不能被拉长呢? 鲍勃进入了深思。

其实在这之前已经有过将聚四氟乙烯拉长失败的例子,但是鲍勃本着

魔鬼一样的创造

"初生牛犊不怕虎"的气概，坚持在实验室里研究可能成功的方法。他将一段聚四氟乙烯放入烤箱，加热到特定的温度，然后取出来，小心翼翼地拉伸。但是，每次都以听到"啪"的一声后，左右手各拿着一段聚四氟乙烯而告终。

无数次的重复实验，无数次同样的失败，彻底消磨了鲍勃当时的锐气。想到不能救父亲的公司于水火之中，愤怒之火烧到了手上。拿着刚刚从烤箱里取出的聚四氟乙烯，猛地一拉，扔到了地上，失望与愤怒并没有迫使他失去理智。当他意识到这段"躺"在地上的聚四氟乙烯没有一分为二时，脸上终于露出了久违的笑容。

"原来想要拉长它，不能用轻柔的劲儿，而是需要果断的猛力。"鲍勃的这个方法确实给他父亲的公司带来了利益，令其起死回生。鲍勃也因此小有名气。

一次，几个父辈的朋友来参观鲍勃的实验室，其中一位医生朋友看到了被拉长了聚四氟乙烯管很是好奇，便问：

"这是什么新奇物？"

"是被拉长的聚四氟乙烯。"鲍勃指着对面的烤箱说，"只要将普通的聚四氟乙烯管加热到一定温度后取出用力拉，便会'变身'为这样了。"

鲍勃的解说令这位医生茅塞顿开，"这能不能代替血管呢？人的血液是热的，在血管内流动就会产生热力。如果可以，今后的心脑血管破裂就有了替代品了！"带着拯救更多病人的使命，这位医生开始在动物身上做实验，结果真的将动物的血管成功连接起来。通过细致的观察，发现用聚四氟乙烯做血管的弊端在于强度不够，承受不了血的压力。他又找到了鲍勃，进行进一步研究，终于研制出了适合人类使用的人造血管。后来，他将此方法应用到了临床，挽救了一位濒危的脑血管破裂病人的生命。人造血管"一夜成名"，从此"肩负"起救治病人的重任。

在我们感叹医学技术发达的时候，不能忘记首先发现将聚四氟乙烯拉长方法的鲍勃，他可谓是人造血管的奠基人！

炼丹炼出来的火药

在我国辉煌灿烂的古代文明中,"四大发明"一直大放异彩,它们凝聚了我国古代劳动人民的勤劳与智慧,是历史文明的结晶。

作为四大发明之一的火药的发明,源于一场炼丹的意外。

岁月催人老,老的不止是容颜,还有心智。曾经驰骋战场英明神武的汉武帝,到了晚年便一心想要寻找长生之术,不惜为此劳师动众,经常将众大臣召集到一起研究如何才能长生不老。

有一次将大臣们召集到大殿上,甚至将有能力的御医都请了来,一同为此事出谋划策。

经过了一番的讨论,一个名为李少君的大臣想到了办法。

"启奏陛下,臣有一个方法,不知可行不可行。"李少君说。

"说来听听。"

"我们可以找一些得道高人来为您炼丹,仙丹有长生不老的功效。"

听了李少君的话,汉武帝豁然开朗,觉得是一个可行之策。便立刻下令:

"从明天起,召集所有能人义士,来到长安为寡人炼制丹药。李少君负责监管此事。"

这样,炼丹术继秦朝之后又开始盛行。

其实所谓的长生不老丹药的原料就是硫磺、硝石、木炭和水银。科学技术发达的今天,我们清楚地知道这是毫无理论根据的。但是,在秦皇汉武时期,炼丹之术却成为了皇帝长生不老的唯一寄托。炼丹的道士们都是顶着生命危险守候在炼丹炉跟前的,稍有不慎,就会引起丹炉爆炸。

为皇帝炼丹是喜忧参半的事情,任何人都不敢掉以轻心。炼丹炉边上的道士已经两天没有合眼了,可能是太累了,他竟然倚在丹炉旁边睡着了。炼丹房环境太差,再加上近日来的压力,让他做了一个噩梦。突然惊醒时,丹炉意外地爆炸了,火花四溅。他被吓得跑了三魂丢了七魄,大声喊道:

"快来人啊,发生火灾了!"

道士没有因此丢掉性命是不幸中的万幸,虽然炼丹炉里的丹药毁了,但是由于一些将军、军事家听说了此事,并加以研究,让原本荒唐的炼丹,变成了可以御敌的火药。

火药参与到军事战争中,丰富了战争的武器,加大了国家防御力,成为当时国防最有力的左膀右臂。

思维小故事

一辆黄色的轿车

莱克探长正在吃饭,突然,电话铃响了。莱克探长接完电话说:"唐人街的点心店被抢了,我要赶到现场去。"

探长一边收拾东西,一边接着说:"有人正好看见哈波特从店里跑出来。"

"哈波特不是关在监狱吗?"探长太太说。

"是的,不过,他判了5年徒刑,刚被放了出来,目击人只是看了他一眼,也有可能看错了,我得问问哈波特本人去。"

警车在城西角的公路上停了下来,探长看见院子里停放着一辆黄色的轿车,一个高个子青年站在大门口,怀里抱着一个一岁半左右的赤脚小男孩。

探长大声命令哈波特:"把孩子放下,举起手来!"

哈波特把光脚丫子的小男孩放在黄色轿车的挡泥板上,然后举起手问道:"探长先生,这是为什么?"

"唐人街的点心店被抢了,3小时前,有人看见你从那家点心店里跑出来。"

哈波特听了哈哈大笑:"1小时前我根本不可能在唐人街,我一整天都——"

　　哈波特刚说到这儿,探长突然大叫一声:"危险!"一个箭步冲到小男孩跟前。

　　原来小男孩不知什么时候爬到汽车引擎罩上去玩,不小心滚到引擎罩边缘,眼看就要掉下来了。探长冲过去抱住了小男孩。

　　"啊,谢谢你,探长先生,"哈波特说,"这是我的外甥。"

　　探长接着问:"你要如实告诉我今天你在哪里?"

　　"我今天一早就开车到远离本市几百里的海滨去了,要说1小时前,我还在路上拼命赶路呢,您这会儿来,我才到家里5分钟。"

　　探长看了看手表:"这么说,你12小时开车跑了将近1000公里路程。

不过,6:00 前后,你遇到过谁没有?"

"我 4:00 左右加过油,买了个汉堡包,然后我就直接回家了,点心店的抢劫案和我一点关系都没有。"

"你说的都是实话吗?"

"句句属实,坏事我早就不干了。"

但探长马上指出他是在说谎。请问,你知道这是为什么?

参考答案

哈波特说他今天开了这辆黄色的轿车 12 小时,如果真是这样,汽车引擎罩就应是非常烫的。而刚才那个小男孩光着脚丫子在上面爬来爬去,说明车的引擎罩是冷的。这样可以肯定哈波特在说谎。

冷水浇出来的裂纹青瓷

陶瓷在中国有着悠久的历史,国人烧制陶瓷的技术也是让他国望尘莫及的。中国的陶瓷在封建王朝时候就已远负盛名,被许多外国人追捧,深受大家的喜欢。"中国"的英文译为"China",而这个单词在英文字典里最早也有陶瓷的意思。这充分体现了陶瓷的地位和重要性。

然而,陶瓷其实是一个合成词。"陶"、"瓷"在意义上是两种完全不同的物品。"陶"是指吸水的、不透明的物品,而"瓷"则是不吸水的、半透明的器物。二者重要的区别还在于,瓷在敲击的时候会有清脆的金属般的响声。

我国的陶器文明开始于商代,到了宋朝,成为陶瓷发展的鼎盛时期。景德镇因烧制陶瓷而远近闻名,被誉为"瓷都"。在当时众多的陶瓷产品中,最受欢迎的要数青瓷。"千金难求一青瓷",收藏青瓷成为每一位收藏家梦寐以求的事情。

具有如此高的欣赏价值和收藏价值的青瓷是怎么烧制而成的呢?

让我们乘坐时光的飞船,穿越到很久以前的浙江清泉,寻找一对烧制陶瓷的高手兄弟。

这对兄弟师出同门,学成手艺之后,便都自立门户,分别开了自己的烧制青瓷的窑。哥哥的叫做"哥窑",弟弟的则叫做"弟窑"。兄弟二人开始了艰苦创业。

由于哥哥的手艺精湛,弟弟的技术略逊一筹,所以"哥窑"的生意红火,而"弟窑"却是"门前冷落鞍马稀"。弟弟向哥哥讨教方法,想改进自己技术,但是,被哥哥拒绝了。时间一久,弟弟心中的不服气渐渐演化成了怨恨。

"你不仁就休怪我不义!"弟弟被怨恨冲昏了头脑。"我分文不进,你也别想挣钱。"这样想着,弟弟便在深夜一个人担着一担冷水来到了哥窑,准备破坏哥哥今天烧制的陶瓷。

因为烧制陶瓷需要高达1000℃的温度,如果哥哥烧制的陶瓷直接遇见冷水,所有的瓷器都会毁掉。

看到哥哥从哥窑走出,弟弟小心翼翼地来到窑中,将担来的冷水一股脑全泼在哥哥刚烧好的瓷器上,马上就离开了。心想:"等着明天早上看好戏了。"

第二天早晨,哥哥来到窑中,着实被眼前的一幕惊呆了:昨晚烧制的陶瓷全部有了裂痕,就像结冰的河水被硬物敲碎了一样。

"这可怎么办?都碎了!"带着担心,哥哥走到瓷器前,轻轻地推了一下,以为瓷器会散落一地碎片。可是意外的是瓷器竟然毫发无损。哥哥赶紧抓起瓷器,发现只是有一些纹路,瓷器本身并没有被破坏。

"真是天无绝人之路,这批瓷器还有救。这样或许也可以卖出去。可能有人会喜欢有纹路的陶瓷呢!"

哥哥只能把死马当作活马医了,中午将全部瓷器展出。令他意外的是这样的瓷器更受大家欢迎,很快,这批瓷器便所剩无几了。哥哥很高兴,便想探究这些纹路的"来历"。

哥哥终于知道是弟弟做的手脚。弟弟向哥哥承认了错误,哥哥非但没有怪他,反而教弟弟如何烧制更好的瓷器。因为这件事,兄弟二人的感情

魔鬼一样的创造

也重归于好了。

从此,裂纹青瓷凭借着上好的质量和特有的纹路而闻名祖国的大江南北,畅销海内外。

能够飞上天的"船"

如果说每一样发明都有自己的前身,那么我想,航天飞行器的前身可以说就是飞船了。应该是受到了飞船结构的启发,才能创新出各种航天器材。

早在1910年,法国发明家费勃就研制出了可以飞的船。

费勃是一个既聪明又勤于动手的人。从小受他的造船师爸爸的影响,对船非常感兴趣。在一次与爸爸共同乘船游玩的时候,他问爸爸:"船为什么能够在水中自由地行走呀?"

每个小孩子的脑袋里都装了十万个为什么,爸爸面对儿子的发问笑着说:"因为船也有脚呀!船的脚就是下面的螺旋桨,它的转动就带动了船身的移动。"爸爸是希望费勃可以子承父业的,所以很细致地为他讲解原理。

"那为什么天上没有船呢?"

摸着儿子幼稚的小脑袋,父亲慈祥地说:"乖儿子,在天上飞的那是飞机呀!飞机和船各司其职,一个在天上,一个在水里,分工合作。"

"爸爸,等我长大了,我要发明一艘可以在天上行驶的船。"小费勃望着天空飞过的飞机说。

"好,爸爸相信你。好好学习,将来制造一艘飞船给爸爸。"

可能费勃的父亲当时只把要造飞船的话,当作天空的浮云,并没有理会。但是,发明可以飞在空中的船,这颗理想的种子在小时候就种在了费勃的心里。

长大后,这个理想终于"生枝长叶",费勃在大学攻读了工程学、流体力学、空气动力学等相关的课程,有了一定的知识基础。经过了4年的潜心研究,终于从实验室中抬出了他亲自创造的可以飞的船。

费勃选在一个阳光明媚的上午让飞船进行试飞。

那一天，海上风平浪静，沿岸站满了前来观看的人们。海面上一艘特别的船吸引了所有人的眼球。这艘下身"长"着浮筒的船，在人们的注视中，以迅雷不及掩耳之势，冲出了海面，飞向了天空。

他成功了！第一次试飞虽然只飞行了500多米，但是，这足以让费勃兴奋不已。

之后的几年里，费勃继续苦心钻研，立志发明出更好的飞船。在不断的实验和查阅资料之后，他终于根据飞机的飞行原理研制出了让自己满意的飞船。

费勃设计的飞船机身前面放置一个浮筒，机翼下面再放置两个；而打破常规的是，他将机翼安装在机身的后面。为了增添飞船的灵巧性，费勃用木头制作了"船"的框架，橡胶板制作浮筒。不久便在一片空地上试飞成功。

费勃理想的种子终于开出了美丽的花朵，结出了香气扑鼻的果实。

在第二年的摩纳哥船舶展览会上，费勃成功地驾驭自己的飞船完成了一次享誉世界的水上表演。之后又有科学家对费勃的飞船进行了进一步的改进，去掉了浮筒，成为了名副其实的飞船。

有时候儿时的一个理想的种子被多年的辛勤所灌溉，终究会硕果累累，只要为之付出努力，再加上"不达目的不罢休"的决心，梦想迟早会成为现实的！

青蛙被"电池"电死了

时势造英雄，一点都没有错。在工业革命爆发之后，原有的生产力与生产关系不成比例，一些能够提高生产力的发明如雨后春笋般呈现在人们面前。越来越多的人重视实验重视发明，希望能通过自己的双手来改变世界。

随着人们对科学的认知，对电的探究显得愈来愈重要。知名的物理学教授盖尔瓦尼曾经做了一个实验,他用两种不同的金属分别接触在青蛙的青筋和神经上,然后将两种金属连接,在连接之后青蛙就死掉了。这是怎么回事呢? 这件事在物理学界产生了不小的涟漪。但很快就被大家认为是一种有趣的现象,但没有人愿意去深究。

与他人不同的是在英国巴维亚大学任教的物理学教授伏特,他觉得这不仅与青蛙的神经系统有关系,肯定也有电学的参与。这与他一直以来研究的电学有所联系,他决定以此为突破口,探寻电学的秘密。

伏特开始了自己的实验,他找来锌板和铜板,并将其中一块连接在金箔静电计的内杆上,另一块连着外匣。接着使锌板和铜板重合,并拿走与外匣相连。

这样一来,就可以用静电计测得带电的正负情况了。如果锌板与内杆相连,则为正电;如果是铜板与内杆相连,则为负电。结果与伏特是预想的一致的。

趁热打铁,伏特又重复做了几百次的实验,终于找到了物质相互接受所产生电荷的性质。并对此进行了深层次的研究,进而研制出了电池。

科学高于生活,却也源于生活。留心生活中的信息,那可能是下一个发明创造的开始!

思维小故事

咬过的苹果

威廉探长接到一位科研所所长的报告,说他刚接到一个恐吓电话,要他把一份绝密文件交出来,否则就要他的老命。没有办法,他只好请探长在 19:00 到他家,再详细谈谈情况。

19:00,探长准时赶到所长家里,按了门铃,却不见回音。他见房间里灯亮着,无意之中拧了一下门把手,发现门竟是虚掩的。探长走进屋里一看，只见所长昏倒在沙发下面，旁边扔着一块散发着麻醉药味的手帕。

这时，只见所长慢慢地睁开了蒙眬的双眼，本能地摸了摸自己的衣服口袋，失声叫了起来："完了，那份绝密文件被人抢走了！"

探长一听，忙问："是什么人？什么时候？"

所长看了看手表，说："大概 30 分钟前，我一边看电视，一边吃苹果。听到门铃响了，我以为你来了。不料一开门，我被两个男人用枪顶了回来，他们开口就向我要那份密件，我佯装不知，他们立即用手帕捂住我的嘴和鼻子，以后我就什么也不知道了。"

果然，所长咬过一半的苹果正滚落在电视机下面。电视机电源已断了。探长从电视机下面拣起了那个苹果，瞧了瞧说："所长，是你自己卖给

他们的吧?"

所长一听,大吃一惊,说:"我? 岂有此理!"

"你别演戏了,罪犯就是你自己!"探长看了所长一眼,把手中的苹果扔在他面前。所长一看,脸色变得灰白,无可奈何地把藏在冰箱里的大包美金交了出来。

请问,你知道探长是怎样识破所长的假象的吗?

探长识破所长诡计,就是靠那只苹果。

原来,在苹果表皮的细胞里含有一种氧化醇素。平时。它被细胞膜严密地包裹着,不与空气接触,一旦细胞脱皮了,氧化醇素就与空气中的氧发生氧化作用,结果导致苹果变色。

所长咬过的苹果还没有变色。如果真像所长所说30分钟前被人麻醉昏倒的话,那么苹果的颜色应该会变。

女人的"红绿灯"

"红灯停,绿灯行,黄灯做准备。"这是众所周知的交通规则之一。信号灯出现在每一个繁忙的交通路口,帮助交通警察维持交通秩序,减少交通事故的发生。

交通信号灯开始使用之初,为什么选用的是红、黄、绿3种颜色而非其他呢? 这要从19世纪的英国说起了。

英国中部的约克郡有一个习俗,用穿着不同颜色的衣服来代表女性是否婚配。已婚女性穿着红色衣服,未婚女性则穿着绿色的衣服。

这原本是一个普通的民俗,但是由于有一阵日子经常在伦敦威斯敏斯会议大楼前轧死人,弄得大家人心惶惶,再没有几个人敢去那里了。

不过这个风俗却给了有心人以启发:可以用不同的颜色来表示不同的

含义。

1868 年 12 月 10 日，由道路信号工程师德·哈特设计并制作的高达 7 米的红绿信号灯在伦敦议会大厦的广场与世人见面。在信号灯的灯柱下，站着一名交通警察来控制红绿灯的颜色。后来为了方便，又在信号灯中间装上煤气灯罩，让红绿两种颜色可以交替出现。

好景不长，仅仅 23 天的时间，这个信号灯就因煤气灯爆炸而"夭折"了，同时也带走了一名执勤警察的性命。

这次的意外发人深省，信号灯随之被取缔。直到 1914 年美国克利夫兰市开始使用"电气信号灯"，经过一段时间的验证，此种信号灯被广泛使用在各国的交通路口。

随着交通工具的更新换代，对信号灯指挥的要求也提高了，于是出现了现在我们见到的三色交通灯。

现在的交通灯是智能控制的，道路保持畅通，确保出行不受阻碍，大大减少了交通事故的发生，更为出行的人们带来一层安全的保护伞。

快捷方便的方便面

方便面的"历史"可以追溯到西汉时期。在"烽火连三月"的年代，粮食尤为重要。"大军未动，粮草先行"，一切胜利的战争都向人们展示了行军打仗时，军粮的重要性。

西汉大将韩信，率领 10 万大军进攻河东西魏王魏豹的时候，遇到了粮食危机。为了解决和今后避免这样的问题再度发生，当时的人们发明了踅面。踅面的做法简单，将荞麦粉与麦粉搅拌在一起，放在锅里煮到七八分熟后取出，切成面条形状。这样的面条不仅携带方便，而且食用简单，只要用热水煮一下就可以食用。这可能是非油炸方便面最早的"存在形态"了。

西方有一种被叫做"伊面"的面食，将切好的面条用油炸好，再放进调好的底料在锅里煮，味美汤鲜。

我国清朝时，一位官员宴请宾客，厨师误将已经煮熟的面条放进了准备炸肉的油锅。时间紧迫,厨师只好硬着头皮将面从油中捞起,又加上一些汤做了一道汤面端上了饭桌,没想到却受到了客人们的一致好评。这道菜从此流传开来。

真正意义上的方便面是由日籍台湾人吴百福发明的。

吴百福喜欢吃面,每次都去同一家面馆吃面。可是后来他发现,这家店越来越火,喜欢吃这家面馆的面的人越来越多,有时候还没有开门营业,门口就已排起了长队。这让他看到了商机。

"每天现做现卖的面条太不方便了,人那么多,总是供不应求的。如果能做出一种可以存放,随时都可以吃到的面不就解决了这个问题吗?"想着每天因为想吃面条而苦苦排队的人们,吴百福开始研究他心中的方便购买的面条。在中外历史的一些借鉴中,终于发明了他独创的"鸡汤拉面"。

看到自己制作的面条这么受欢迎,吴百福当机立断成立了日清食品公司,将面条进行加工并包装出售。方便面从此正式进入人们的生活,成为休闲、充饥必不可少的食品之一。

不打扰别人听音乐

想要享受音乐,让其无处不在,却又不能打扰他人的工作或休息,那么,你得需要一副耳机。

现在无论是用 MP3 听音乐,手机通话,还是用电脑看视频,都离不开耳机的参与。它可以让你在喧闹的环境中享受自己世界中的小乐曲,可以保护个人的隐私,可以让你尽情遨游在电影的每一个精彩的环节当中。

耳机在最初发明的时候并不被大家所接受,很多人都像对待外星物品一样"敬而远之"。但是不久,耳机独特的功能显现出来,引起一番抢购的热潮。

耳机的发明者拜尔,从小喜欢音乐,想随时随地都可以听到自己喜欢的音乐。一次上音乐课时,他躲在教室的角落,听自己的音乐。本以为这样不会被老师发现,但是,由于没有调节好音量,还是被老师察觉到了。老师不仅批评了拜尔,还通知了家长。这件事让拜尔小小的心灵受到了极大的触动。他立志要发明一种可以让自己随时听到音乐却可以瞒过别人的东西。

带着对音乐的热爱,坚持着最初的理想,拜尔一天天地长大。大学后他专修了音乐和电子设备专业,为自己的理想"添砖加瓦"。但是,对于如何才能制作一种装置让音乐只被自己听又不影响他人,他还是一筹莫展。

因为拜尔的发明是前无古人的,所以没有太多的资料可供参考。毫无头绪的拜尔只好先把这个研究搁置。

一个暑假,拜尔去拜访一位老师。由于这位老师的听力有障碍,所以,拜尔每次与老师交谈几乎都是喊。

"老师,用什么方法可以实现声音的定向传导呢?"

"耳朵能不能接收到电信号?能啊,这个是肯定的啊!但是,总接受这些电信号会对人体产生危害的。"老师认真答道。

"不是电信号,老师,是定向传导。"拜尔无奈又提高了音量重复一遍。

突然,拜尔像被电击了一下,立刻从梦中惊醒,"对呀,电流可以做到控制声音呀!常用的声音播放器不就是这样的吗?之前怎么没想到呢?"

拜尔从老师家离开之后,便投入到了实验当中。他尝试着将声音装置改装,从而达到他的实验目的。

1950年,世界上第一个耳机在拜尔的手上诞生了。

思维小故事

影星之死

参加完电影节后,青年影星麦克尔便来参加好友史密斯和太太为他准备的家庭宴会,当他一走进客厅,亲朋好友纷纷过来向他表示祝贺。他们频频举杯,尽管麦克尔每次只喝一点点,但还是觉得有点头重脚轻了。

已经注意麦克尔多时的史密斯拍了下手，用叉子叉上一个沾了调味汁的大虾走上前去："麦克尔，今晚我们为你准备的家庭宴会还满意吗？来来，别光顾着喝酒，吃一个大虾吧。"他脚步踉跄，一个趔趄，手中晃动着的叉子就把虾上黑红色的调味汁溅了麦克尔一领带，雪白领带立即污迹斑斑。

"哎呀，对不起，真对不起。"

"不，没什么，一条领带算不了什么……"麦克尔毫不介意，取出手帕欲将上面的污迹擦掉。

这时，史密斯夫人走了过来，说："用手帕擦会留下痕迹的，洗手间里有洗洁剂，我去给你洗洗。"

"不用了，夫人，没关系，我自己去洗，夫人还是去应酬其他客人吧。"

因有史密斯在场，麦克尔假装客气一番，然后迅速朝洗手间走去。洗洁剂就在洗手间的架子上放着，他将液体倒在领带上擦拭污迹，擦掉后立即回到宴会席上，边喝着威士忌，边与人谈笑风生。突然，他身子晃了一晃便倒下了，威士忌的杯子也从手中滑到地上摔碎了。

宴会厅里举座哗然。急救车立即赶来，将麦克尔送往医院，但为时已晚。死因诊断为酒精中毒。

这时，警察来到了医院，调查了详情后，又来到史密斯家里，经过一番查验，认定史密斯是杀人凶手。

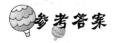

参考答案

洗洁剂中含有四氯化碳。四氯化碳是一种无色无味的液体，作为油脂类液剂，被用于衣服的干洗等。但是人饮酒过度时，一旦吸入这种气体，就会导致死亡，其死因不留明显的证据，所以往往被误作酒精中毒死亡。为了让麦克尔吸入这种气体，史密斯故意在他领带上溅上调味汁。酒醉了的麦克尔用这种洗洁剂擦拭领带上的污迹时，吸入了足量的四氯化碳有毒气体，导致死亡。

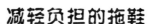

减轻负担的拖鞋

"研精静虑，贞观厥美。怀秋成章，含笑奏理。"这两句诗词展现了"赏心"的自然之美。当然，这首诗和拖鞋肯定没有关系，但是，诗的作者却和拖鞋的再度创造有着密不可分的关联，他就是东晋著名诗人谢灵运。

拖鞋最早是被谁发明的没有史书记载，现在已经无从考证了。但是，如今拖鞋的鼻祖，却是这位伟大的山水诗人。

拖鞋的原始样子并不美观，穿着也不是很舒适。只是因为穿脱方便才被保留下来。但是，古人并不穿拖鞋外出的。达官贵人觉得穿拖鞋出去有

失身份,普通百姓觉得穿拖鞋不方便干活。

谢灵运的性格是洒脱不羁,他不在乎世俗的眼光。一个炎热的夏天,谢灵运穿着拖鞋在街上走,虽然受到了路人鄙夷的眼光,但是这丝毫不影响他的心情。

"这么热的天气,为什么不能穿拖鞋出门呢? 那不是自讨没趣吗?"他心里嘀咕着,脚步却没停,来到了一个朋友家。

朋友见到了谢灵运这样装扮,也较为吃惊。不解地问:"谢兄今日如此,是否遭受了什么不如意?"

谢灵运面对朋友的惊讶,平静地答道:"天气热得很,这样可以解暑。"

"可是如此装扮,与您的身份不符。谢兄又为何偏要违常理而为之呢?"

无奈下,谢灵运只好点头同意朋友的看法。但是,回家后,他对这种样式丑陋又不舒适的拖鞋进行了改造。当他再次穿着改造好的拖鞋行走在大街上时,再也没有人指指点点说三道四了。

被谢灵运改造后的拖鞋既美观又大方,穿在脚上方便舒服,很快就被当地人认可,并流传到祖国各地。

现代和传统结合的豆浆机

经常饮用豆浆不仅可以补充身体所需的矿物质,还有美容养颜的功效。一杯热乎乎的豆浆,已经成为现代都市白领早餐中不可缺少的食物了。

在没有豆浆机之前,想喝豆浆必须起早去豆浆铺子排队购买,费时费力。有人可能会说,可以在家叫外卖呀! 由于出售豆浆的都是一些规模较小的店铺,如果开通送外卖的服务,成本必然增加。这样,每杯豆浆的单价就会上涨,消费者又会觉得物超所值。

这样的情况着实难为了那些钟爱豆浆的朋友们。有很多人想,如果自己在家就可以磨豆浆该多好!

"应该发明一台小型的制作豆浆的机器，在家里轻轻松松就可以磨豆浆。"同是喜欢喝豆浆的王旭宁看到了现在的状况不禁这样想，心中已经开始打起了腹稿。

可是，在没有前人可以效仿的前提下，即使是毕业于工科专业的王旭宁也一头雾水，找不到头绪。

在开始研究的一年里，王旭宁不断地翻阅书籍查找资料，希望能够找到一些"蛛丝马迹"，但是一段时间过去了却毫无进展。

一天下班回家，看见妻子正在看一则关于电脑方面的新闻，中国的科学家已经实现了电脑程序的可控化。这倒提醒了王旭宁。虽然当时电脑还没有普及，王旭宁凭借上大学时学的一些关于电脑的知识，又向一个计算机专业的朋友虚心请教，终于将传统的磨制豆浆的技术与现代化的机器结合到一起，发明了一台自动智能豆浆机。

这种豆浆机的诞生，不仅解决了很多人买豆浆的烦恼，更是一次传统技术与现代科技的完美结合。

思维小故事

沙滩上的椰蟹

波普医生和新婚妻子良子去日本冲绳度蜜月。沿着金色的沙滩，他们边观赏海滨火红的夕阳沉入大海时奇妙壮观的美景，边向耸立在海边的几棵椰子树走去。

突然，妻子惊叫一声，指着椰子树下的一个物体让他看。波普跑过去一看，是个身着泳裤的青年倒在椰树下死了。青年的太阳穴被打破，流出来的血已经凝固。尸体旁边有一颗大椰子，椰子上沾着血迹。椰树下的沙地上留着大螃蟹爬过的痕迹。

"这可能是椰蟹爬过的痕迹。"大学海洋生物专业毕业的良子指着地面

的痕迹说。

"椰蟹?那就是说当这位青年在树下睡觉时,有一只椰蟹爬上椰树,用自己的大剪刀剪断椰柄,掉下来的椰子正好落在睡觉青年人的头上。"波普抬头望着椰树说。那棵树上还挂着几颗椰子。

外科医生波普用手触摸检查尸体,判断死者是当天下午 14:00 至 15:00 间死亡的。

"我看,根据死亡时间,可以判断这不是一起意外死亡事件,而是杀人案件,我认为罪犯是用椰子打击被害人头部,然后,伪装了树下的椰蟹的足迹。"妻子果断地说。

良子为什么认为不是意外事件而是杀人案件呢?

参考答案

　　椰蟹有夜间出来活动的习性。椰蟹这类大型甲壳类陆生寄居蟹,生长在冲绳、台湾地区和南洋诸岛。它们白天钻进海岸的洞穴内,几乎不出来,只在夜间出来活动。因此,绝不会发生大白天爬到椰树上把椰子剪掉而伤到在树下睡觉的人的事情。这说明伪造现场的罪犯根本不懂得椰蟹的生活习性。

魔鬼一样的创造

第四章　为了自己的梦想

安全剃须刀

很多恋爱中的女孩喜欢送给恋人剃须刀作为生日礼物，因为她们赋予了剃须刀更深的意义。不仅是每天陪伴自己的男友，更是贴心的象征。

确实，在男人的生活中，可以没有洗面奶，但是绝对不能没有剃须刀。这种可以让男士保持整洁和形象的工具，在发明之初其实是一个危险的东西。

那时候使用剃须刀并不像现在这样没有"后顾之忧"，每次刮胡子都要担心会不会刮伤脸部，这也使剃须工作极为难做。

美国人吉列就深受其害，好几次刮胡子都刮伤了自己的脸，让他几次都想将胡子留得长长的，这辈子再也不要刮胡子了。

原以为是自己的手法不对或者技术不行，可是后来他到理发店剃须的时候，也听师傅们抱怨有时就会刮伤客人的脸，这让他们也时常陷入窘境。

"如果我能发明一种安全的剃须刀就可以解决困扰全世界男士的问题了，或许还可以成立一家专门的公司。"有着直接利益作为动力，吉列干劲十足，做了各种可能的尝试，但都以失败告终。

当他垂头丧气的时候，受到了著名发明家尼卡松的鼓励和支持，让他重拾信心。

后来吉列发现，如果用两根树枝将刀片夹住，这样就可以避免刀片乱动刮伤脸部了。受到启发的吉列继续埋头研究,终于发明了"T"字形的刮须刀,这就是世界上第一款安全剃须刀。他设计的剃须刀不仅可以保护脸部,还有刀片部分可以旋转,全方位清理面部胡须,让剃须效果更好。

后来,吉列成功地获取了此项发明专利,开了间公专营剃须刀,并以自己的名字命名了这款剃须刀。

来复枪的发明

在兵器的发展史中,有一种枪是继步枪之后,又一射程较远的武器,它就是来复枪。

懂武器原理的人可能知道来复枪的原理。子弹的射程与枪中来复线有着密切的关系。就是这细小的来复线,可以让子弹在飞行时不停地旋转,从而增加动量,使子弹飞得更远,打得更准。

来复枪的发明灵感来源于一只带羽毛的箭。

1510 年,奥地利人卡斯珀·科尔纳与朋友射箭时发现,原来箭的尾巴是否带羽毛是影响射程远近的重要因素。后来他把这一理论运用到枪支上。因为经过观察,他发现枪管的内膛线可以稳定子弹,从而达到预期的射程。

通过这些理论总结,卡斯珀·科尔纳自制了来复枪,有些不懂原理的军官不相信会因为几根细小的线会让枪有那么大的变化,更不信它的射程和命中率会比滑膛枪强。于是提出和科尔纳一决高下的要求。科尔纳欣然应战。100 米的距离,科尔纳 10 发 10 中,而那个军官却漏掉 5 颗子弹。当把距离又加了 100 米的时候,科尔纳仅是 3 发没有射中,而军官的命中率几乎是零。结果可想而知,军官像斗败的公鸡,不得不灰头土脸地走开。

来复枪"一战成名",成为当时人们口中赞叹不已的"神枪"。

魔鬼一样的创造

超级思维训练营

拉链取代鞋带

在衣服、裤子、手提包上随处可见的拉链,可能你从未重视过它,但是这个不起眼的小东西却是 20 世纪二十大重要发明之一,在当时的影响是不可小视的。

更让人意想不到的是,拉链产生之初并没有如今这么广泛的用途,仅仅是为了代替鞋带。

有很多的人会不小心就给鞋带打了死结,每次脱鞋穿鞋都不得不解鞋带系鞋带而感到非常的麻烦。而且一些小孩子根本无法学会如何系好自己的鞋带。细心的贾德森看到了生活中的这些不便,发明了一种用一个滑动的铁片将分在两边的钩子和扣眼扣紧的装置,心想这种装置可以代替繁琐的鞋带。但是由于这种装置安在长靴上需要的铁钩太多,既不美观又不实用,迫使贾德森重新思考,研究更适合放在鞋上的装置。

经过多次的实验和使用,他发现将所有的铁钩串联到一起,可以节省空间,又不至于太麻烦。这便是拉链的原型。虽然做工比较粗糙,但是确实解决了人们日常生活中的难题。

思维小故事

他在现场吗

某夜,一名单身画家因煤气中毒而死在公寓房间里。

凶手把煤气胶管剪断,扯在地上,不知为什么还用一本书夹在胶管上。除了画家,在屋里的一只猫也被煤气熏死了。

画家的死亡时间估计是晚上 9 时左右,死前曾被人注射过麻醉剂,由于房间的门和窗都关得很紧,煤气打开后很快就能充满整个房间,大约 30 分钟内人就会死亡。由此警察认定凶手是在晚 8 时 30 分离开现场的。

但是警方根据多条线索所拘捕的嫌疑犯,从晚上 7 时到第二天都有不在场的证明,因为当时他因酒后开车被拘留。

凶手怎么能在被拘留期间用煤气毒死画家呢?

参考答案

凶手先给被害人和猫打了麻醉剂,然后将猫压在夹住胶管的书本上。

— 117 —

这么一来,猫的重量压住了煤气胶管,虽然煤气已经打开,但却泄漏不出来。凶手立即离开了现场。

大约在晚8时30分,猫从麻醉状态中苏醒过来。当它从书本上爬下来时,煤气开始外泄,30分钟即充满了房间,被害者因而死亡。

凶手离开现场后故意喝醉酒开车,结果被警方拘留。这样他就有充分的不在现场的证明。

除了猫之外,也有用大冰块压住胶管的案件。因为等冰一融化,重量减轻,煤气就能从胶管中跑出来。

电灯的灯丝

白炽灯在多年以前就进入了寻常百姓家,成为家庭照明的主要工具。一只小小的灯泡,却可以带给整间屋子光明,似乎是一件很神奇的事。与灯泡出现之前人类的照明工具煤气灯和煤油灯相比,电灯的优势显而易见。

无论是传统的煤油灯还是煤气灯,在使用的时候都避免不了会产生浓重刺鼻的气味,而时间一久,灯罩就会被燃烧时所产生的黑烟熏黑,需要定期清洗。最严重的是,这种煤油灯存在着一定的安全隐患,稍不注意将油灯打翻,还会酿成火灾。

传统灯具的弊端已经暴露了诸多缺点,科学家们也在竭尽所能研究可以代替它的照明工具。不久,有人发明了一种大功率的电灯,但是由于造价太高,度数难以调控,不能大规模推广使用。这就让大多数研究者头疼了。要用什么材料制作电灯,才能既节省原料又廉价安全呢?

爱迪生也在思考这个问题。并在实验室中反复用自己觉得可能做灯丝的材料做实验。但是,结果均不尽人意。钡、钛等金属,都不适合做灯丝,而一般的碳丝又无法承受电灯炽热的温度。

那一年的冬天似乎格外的冷,爱迪生不得不围在火炉前取暖。这些天一直困扰他的问题就像壁炉里的火苗一样,越燃越旺。爱迪生突然觉得自己围在脖子上的围巾很热，便摘了下来。看到手里的围巾，他似乎看到了灯丝。

"对呀，我怎么没有想到呢？"原来爱迪生想到了用棉纱来做灯丝。受到这种灵感的启发和夜以继日不断的研究，终于被他发现一种竹子的纤维适合做灯丝，不仅耐热，造价又不高，可以满足大多数人的需求。

爱迪生一生有很多项发明，被人誉为"发明大王"。他的成功不是偶然的，而是那1%的灵感和99%的汗水相结合而铸就的。

缝纫机与梭子

毋庸置疑，缝纫机和梭子都是缝制的工具，但是，缝纫机的发明不仅"解放"了双手，更加提高了工作效率。而这么利于生活和生产的工具的发明，是源于哈威对妻子的爱。

哈威在美国的一家织布公司做事，工资待遇不是很可观，每天为了生计奔波。结婚时承诺给妻子幸福富裕的家庭一直没能实现。看着妻子每天做着缝补工作，劳神费心，哈威心里非常心疼。

"不能让妻子这么辛苦下去了，我应该发明一种机器，可以代替手工，不让每天做工的妻子如此的疲惫。"带着对妻子深深的爱与愧疚，哈威暗下决心。

可是，一项发明哪会那么容易，毫无头绪的哈威只得回到公司继续自己的工作。当他路过生产车间时，看到了织布机上的梭子在来来回回地穿梭着，每个工人手中都在忙碌着，而这些梭子却在横七竖八的线中"穿梭自如"。这个场景让哈威深受启发。

"其实在缝补的过程中，不必每一针都要穿透的。只要让线从针头穿过，在此打上结，然后让其他的针将这条线带走，这样不就省时省事了吗？"

豁然开朗的哈威想到此如获至宝，开始了进一步细致的研究。不久后终于成功地发明了第一台缝纫机，作为结婚纪念日的礼物送给了妻子。

心中的爱有时就是发明创造的潜在动力。留心周围的事物，你就是下一个哈威！

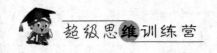
超级思维训练营

一句话诞生的维他奶

备受青睐的维他奶,以独特的营养价值以及适中的价位,深受国人喜爱。维他奶的发明人罗桂祥之所以会想到用大豆来作为原料,除了大豆的营养价值,更重要的是受到了一句话的启发。

1937年,在外地工作的罗桂祥由于公司业务的扩展,被派到上海做事。期间,他应邀参加了一场上海青年会举办的晚会。晚会上有很多才子名媛,罗桂祥并不善于交际,只是为了应酬,等待着晚会的结束。

"接下来为大家演讲的是,美国驻南京的商务专员朱利安,大家掌声欢迎。"主持人报幕之后,响起一阵掌声。

"大家好,我今天演讲的题目是'大豆——中国的乳牛'。"话音刚落,台下响起一阵雷鸣般的掌声。

对于既有寓意又有文学色彩的题目,罗桂祥不由得觉得这篇演讲会很精彩,便认真地听着。

"牛奶,是一种营养价值很高的饮用品,但是根据相关报告显示,中国的牛奶价格偏高,能享受到这种饮品的人不在多数。但是,中国人却发现了另一种蛋白质丰富的物质来代替牛奶,那就是大豆。大豆……"

听到这儿,罗桂祥觉得说的十分在理,在又一次热浪般的掌声中,他想到:"既然大豆是中国的'乳牛',为什么不能让这头牛产奶呢?"

后面的演讲罗桂祥没有认真听,心里一直在思考这个问题。晚会结束后,他便迫不及待地联系了自己志同道合的友人,和他们讲了自己的想法,几个人一拍即合,开始了维他奶的研究工作。

经过细致的剖析与缜密的研究,中国的"乳牛"——大豆,终于开始源源不断地"产奶"了!

思维小故事

特制子弹头

　　一声枪响之后,汤姆被发现死在房里,警察立即赶到现场调查,见到在汤姆的胸口上有一处伤痕,很像是被子弹射中而产生的,伤口有 10 厘米深。但是经过解剖,竟找不出子弹头。一般来说这是不可能的,死者明明是中弹而死,为什么在他的身上或周围都找不到子弹头呢?

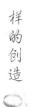

魔鬼一样的创造

经过侦查,发现凶手是一名职业杀手,为了使自己杀人之后不留下任何线索,因而使用了一种特制的子弹,这种子弹头射进人体后是可以消失的。

读者朋友,你能猜出这种特制子弹头是用什么做的吗?

参考答案

利用与死者同样血型的血液,经过速冻,变成固体后,再做成子弹头。

钨铈合金电极技术

一个普通的技术研究人员发明了震惊世界的技术,并荣获了全国发明博览会金奖,获得了几个国家的专利保护。或许你会觉得这不仅是件难事,而且似乎有些不可能。但是,王菊珍却做到了。

从事研究工作的王菊珍在研究电极材料的时候发现,电极材料的主要合成元素钍具有很强的毒性,危害人们的身体健康。她想,应该发掘一种新的无害的电极技术。这个想法成功了就会是造福千秋万代,但是,当王菊珍和同事说了这个大胆的想法之后,非但没有得到大家的帮助和认可,还遭到了一阵嘲笑和讽刺。

适当的压力有时候会转化为恰到好处的动力。虽然研究新技术的道路是黑暗的,但是王菊珍有信心用自己不懈的努力照亮前方的路。

一次与好友的闲聊,给她的思想打开了一扇通往成功的大门。

原来,那个朋友说自己有3个孩子,每个孩子吃米饭的口味都不一样。有的喜欢吃硬的,有的喜欢吃软的。但是一顿饭总不能分几次做吧,着实让朋友头疼。王菊珍捕捉到了那两个最敏感的词汇:"硬的"、"软的"。

终于在朋友的启示下,她想到了用钨来代替钍,便马上回到研究室里投入研究,并成功地研究出了新的电极材料——钨铈合金。

王菊珍的发明令所有人叹服,平凡的岗位上也能做出不平凡的事迹。

她的发明先后获得了美、日等国家的专利，使钨铈合金电极技术走出了国门，为世界人们所使用。

同样为"溜"的旱冰鞋

每当夜幕降临时，总会有很多人在广场上踩着旱冰鞋，滑出美丽的弧线，时不时绽放出各式花样，赢得旁观者一片掌声和赞美。在旱冰鞋风靡全球之后，便成为了人们娱乐运动的首项选择。

旱冰鞋的发明给我们，尤其是年轻人带来了更多的欢乐。而这些欢乐，是美国的一个叫做杰克的人给予的。

杰克是一个公务员，平时重复乏味的工作让他每天都头昏脑涨，每周最兴奋的时刻，便是周末去溜冰了。杰克喜欢溜冰，并且觉得溜冰可以让他忘却烦恼，无拘无束。但是，每次这样的时光总是很短暂，因为溜冰的费用较高，囊中羞涩使他经常无法玩到尽兴。只有在冬天的时候才可以肆无忌惮地溜冰而不用顾忌钱包。

"溜冰有什么好的，溜冰场里那么乱，还不如遛遛大街呢！而且还是免费的。"

朋友无意间的一句话，让杰克有了想发明一种不在冰上也可以溜来溜去的东西的冲动。

有一天，姑妈家的小表弟过生日，杰克去玩具店给他挑礼物。在玩具车的柜台，杰克站住了。

"如果在鞋上也装上像玩具车这样的轮子，不就可以在地面上自由地滑动了吗？"想到此，顾不上表弟的生日礼物，杰克飞奔回家，找来工具开始创造。不久便做好了一双样品。杰克激动地穿在脚上，在屋外的水泥路上做实验，效果很好。

"终于在家里也可以享受溜冰的乐趣了！"杰克露出了孩子般天真的笑容。

后来，杰克申请了专利，并将这种滑冰工具命名为"旱冰鞋"。从此，像

魔鬼一样的创造

杰克一样的溜冰爱好者有了更多的选择。

小小的塑料衣架

就像"每个成功的男人背后都有一个伟大的女人"一样,每一件衣服的平整摆放,都离不开"默默无闻"支撑着它的衣架。甘居人后的衣架不让漂亮衣服变得褶皱,只能一直做着"雷锋事业"。

即使是世界上最小的昆虫也会被细心的科学家发现并记入史册,就像不被重视的衣架的改良,也是日本的一位小学老师完成的。

"人不可貌相,海水不可斗量",原本有着做发明家理想的铃木虽然做了小学老师,但是,那份热衷于发明的心,一直在有力地跳动着。虽然同事们笑话他,私下叫他"自不量力老师",但是,他毫不在乎。他相信,只要有机会,他就会证明给所有人看。

一个月辛苦的工作结束了,发薪水的时候,铃木就决定要去大商场买点好吃的犒劳一下自己。

看到琳琅满目的商品,铃木顿时忘记了一天的疲惫,开始挑选自己心仪的商品。当他走到服装区的时候,发现一件价值不菲的名牌大衣竟然弄得皱皱巴巴的。

"真是暴殄天物,可惜了这么好的衣服。"铃木小声嘀咕着。心里在纳闷怎么会这样呢? 眼神却最终落到了衣架上。

"先生,挑选大衣吗? 这是本年最流行的款式,您试试吧!"售货员看到了铃木在这件衣服前停留了一会儿,便上前推销。

"哦,不,我只是随便看看。不好意思。"说着,铃木依旧目不转睛地盯着衣架。

"不买没关系,你可以去试衣间先试试,如果喜欢可以下次购买。"

"不买也可以试? 那好,我去试试。"正愁着不能零距离接触衣架的铃木拿着大衣和衣架进入了试衣间,穿上大衣,便开始细细端详这个衣架。

对着试衣镜,他发现,自己穿在身上的大衣和放在那里展示的效果截然不同。原来问题真的出在衣架上,这个衣架的形状和材质都比较差,无法将衣服完全支撑起来。

从试衣间出来后,铃木对服务员说:"这件衣服我要了,麻烦你再给我带几个这样的衣架。"

不顾服务员异样的眼光,铃木拿着包好的衣服和衣架离开了商场。到家后,他开始细致地研究衣架。

"之所以穿在身上比放在那里漂亮是因为人体的曲线没有被衣架'模仿',如果换一种材质做衣架,并充分考虑曲线的设计,这样就可以将衣服的美展现得淋漓尽致了!"有了想法后,铃木就开始寻找符合他要求的材料,最终他锁定在了塑料上,并成功地发明了塑料衣架。

铃木发明的塑料衣架既美观大方,又灵巧轻便,而且可以展现衣服的曲线美。在得到认可后,铃木开了一家专门生产这样衣架的工厂,做自己的老板。

有时候商机会在不经意间来到你的身边,只是你没有发觉而已,而铃木,就是把握住了机遇的人!

思维小故事

被打翻的鱼缸

探险家沃尔,每到一个地方就会带那个地方的特色鱼回家。他家的客厅里摆放着各种形状的鱼缸,里面养着他从世界各地搜罗回来的鱼,他的家里简直称得上是一个鱼类博物馆了。

一天夜里,沃尔夫妇外出旅行,只留下一个佣人和两个女儿在家,知道了这种情况后,一个卖观赏鱼的家伙偷偷地溜进了沃尔的家。因为他对沃尔家的鱼觊觎已经很久了,所以他一进去首先将室内安装的防盗警报电线割断。

魔鬼一样的创造

　　然而,他的运气不佳,被起来上厕所的佣人发现,在黑暗中,他们发生了激烈的搏斗。不小心将很大的养热带鱼的鱼缸碰翻在地板上摔碎了。就在他将匕首刺进佣人的胸腔之时,他也摔倒在地,慌忙起身爬起来时,突然"啊!"地惨叫一声,全身抽搐当即死亡。

　　听到打斗声和惨叫声的两个女儿立即拨打电话报警。

　　警察勘察现场发现,电线被割断了,室内完全是停电状态。鱼缸里的恒温计也停了电。但是盗贼的死因却是触电死亡。

　　当刑警们迷惑不解之际,接到女儿电话的沃尔也急忙赶了回来,他一看现场,就指着湿漉漉地躺在地上死去的那条长长的奇形怪状的大鱼说。

"难怪呢,即使没电,盗贼也得被电死。这就叫多行不义必自毙"。

参考答案

地板上躺着的是产于非洲的电鳗。

电鳗属于硬骨类电鳗科的淡水鱼。生存于南非洲的亚马孙河及奥里诺科河流域,长成后,身长可达2米。尾部两侧各有2处发电器官。电压可高达650～850伏,如果碰到它会受到强电流的打击,连猛兽也会被电死,更何况是人呢。

在黑暗中,当佣人与盗贼搏斗时,将大鱼缸碰翻掉在地板上摔碎。电鳗便爬到地板上,而且碰到了盗贼的身体使其触电死亡。

耐克运动鞋

耐克,作为专营运动品牌的公司在国际上享有盛名。如今在各大体育赛事的现场,我们都会看到运动员身穿耐克品牌的衣服和鞋子。

耐克品牌在发展历程中的一个重要转折点,缘于俄勒冈州立大学体育系教授威廉·德尔曼的发明创新。

作为资深的体育系教授,威廉·德尔曼非常注重运动员的鞋子质量和弹跳性。如果鞋子穿着不舒服,不仅会影响运动员的正常发挥,长此以往还会损害运动员的身体健康。如何能让鞋子舒适又有较好的弹跳性呢?这是一直让威廉·德尔曼百思不得其解的问题。

即使脑海里有着一万个问号,威廉·德尔曼回到家里依旧与妻子一起做饭,享受这份温情。

"今天我们吃烤饼。"妻子一边准备材料一边说道。

烤饼是妻子的"拿手好戏",威廉·德尔曼自知帮不上什么忙,只好在一边打下手。不久,一炉香喷喷的烤饼就放到了餐桌上。

面对美味的烤饼,威廉·德尔曼产生食欲的同时也产生了灵感。

魔鬼一样的创造

"在带有一个一个凹凸的小方块的铁板上做出来的烤饼又软又有弹性,那么,如果用这样的方法烘烤橡胶来做运动鞋的鞋底,不就会如烤饼一样又软又有弹性了吗?"想到此,他立即起身去学校,走时顺手拿起一块烤饼塞进嘴里大声说:"谢谢你亲爱的,我得回学校一趟。"

妻子一头雾水,不知刚刚从学校回到家的威廉·德尔曼为什么又说要回学校去。

威廉·德尔曼到了学校之后,马上借用了实验室,开始制作心目中的理想鞋底。他先找来一块弄好的橡胶,迫不及待地回到家钉在妻子的鞋上,并让妻子穿着它走路。妻子穿着它走路干活,觉得很舒适,既轻快又有弹性。这大大地激发了威廉·德尔曼的信心,他继续回到实验室里研究,通过不懈的努力,终于做好了一双弹性极好又防滑防潮的耐克运动鞋。

1972 年,这双烤饼"烤"出来的耐克鞋不久便成为运动员的"宠儿",直至今天,耐克鞋也一直占领着无可替代的市场地位。

让人惊叹的人工授粉

人工授粉与人工嫁接技术的出现,在园林技术领域具有划时代的意义。这样尖端的技术是谁发明使用的呢?

米丘林是享誉园林界的大师,就是这个当时被人嘲讽的穷小子,发明了人工授粉技术,解决了园林技术中的一大难题。

米丘林是前苏联的园艺家,他的爸爸也是一名园林爱好者。在父亲潜移默化的影响下,米丘林对园林技术研究情有独钟。

在米丘林 6 岁生日的时候,爸爸为他栽种一棵中国的苹果树作为生日礼物。小米丘林高兴极了,日复一日地等待着树上结出又红又大的苹果。可是,天不遂人愿,几年过去了,苹果树只结出了樱桃大小的果子,这让米丘林很失望。

"爸爸,等我长大了,一定会有办法让果树结出大苹果给爸爸吃的。"

"好,米丘林最聪明了,爸爸相信你。"看着米丘林大大的眼睛里透着天真,爸爸欣慰地笑着。

但是,爸爸并没有等到米丘林承诺的大大的苹果,就因病离开了人间。米丘林孤苦无依,无法继续完成学业,只好辍学打工以谋生计。

几年的时光带走了米丘林的一脸幼稚,却带不走他儿时对爸爸的承诺。在有了一些积蓄之后,他买了一块地,经营一个小果园。果园里种上了小时候爸爸给他的生日礼物——中国的苹果树。

邻居朋友们知道了米丘林的举动后,议论纷纷。

"这是一个傻子,我倒要看看樱桃树上怎么能长出苹果来。"

"这是为了爆料什么重大新闻吗?让全国人民都知道我们镇上有一个疯子。"

面对这些"不和谐"的声音,米丘林充耳不闻,只是专心自己的研究。

花粉的质量决定了果实的大小。明白了这一点的米丘林向各地的园林大师求助,让他们寄一些又大又好的苹果花粉给他。

很快就受到了回应,大家纷纷向他伸出援手,寄了花粉给他。收到花粉后的米丘林欣喜若狂。在果树开花的时候,他小心翼翼地将花粉涂抹在花蕊上,为了防止刮风下雨以及虫蝶的"入侵",他又用细纱布将花朵"保护"起来,这样既不隔离阳光与花朵,又可以保护花粉,不至于"流失"。

又是一个深秋,米丘林的果园里到处都飘着苹果的香气。在这片果园中,他完成了幼时的梦想。

很多园林爱好者慕名而来向米丘林请教人工授粉的技术。从此,米丘林的名气如同苹果的香味,翻山越岭传到祖国的各个地方。

世界上第一架战斗机

顾名思义,战斗机就是使原有的飞机具有了较强的杀伤力,是军事武器家族中一员"得力干将"。如今的战斗机更是"功勋卓著",不仅可以发射威力强大的航空炮弹,还可以协助地面发射远程导弹。如此功能强大的战斗机已经成为现代战争不可缺少的军事利器。

　　战斗机并不是随着飞机的问世应运而生的，但是飞机确实是很早就加入到了战争的行列。第一次世界大战中，就有国家派出了飞机参与作战。但是，那时候飞机的主要职能只是侦察敌情和帮忙校正炮兵射击的位置。当敌我飞机在空中相遇时，双方的飞行员只能互相怒视或者做一些辱骂对方的手势等，不能将面前的敌人杀之而后快，让很多飞行员都有"英雄无用武之地"的感觉。

　　对侵略家园的痛恨让很多士兵舍身为国，这更激怒了只能相互怒视的飞行员。他们将一个长长的锁链后端放置一个铁锤放在飞机后端，有敌机靠近时就伺机破坏对方的螺旋桨。甚至有人在铁锤上安装雷管炸药等抛向敌机令其爆炸。

　　飞行员们这种疯狂的战斗行为启发了法国的发明家，他们想办法将子弹从飞机的螺旋桨中射出，这样的飞机在1915年与德国的一次战争中给了所有士兵和发明家一个"意外惊喜"。虽然飞机所发射的子弹无论从射程还是杀伤力上都欠缺一些火候，但是，这样的发明着实让全世界的人们大吃一惊。

　　由于这种飞机的出现让德国在战争中栽了跟头，也激发了爱国科学家的研究热情。福克就是其中一员。在他听说此事之后，便潜心研究，但是一直没有收获。

　　"如果能有一架飞机样本来研究就好了。"明知道没有希望，但是福克还是奢望了一下。

　　就像冥冥之中自有定数一样，在一次战斗中，一架法国飞机"油尽灯枯"，坠落在德国的阵地上。这让一直苦心研究的福克如获至宝。经过研究，他发现，这样的飞机虽然可以发射一连串的子弹，但是每次射击都有被螺旋桨挡回来的危险，这样会危及到飞行员自己的生命安全。

　　"能不能找到一种方法来解决这个问题呢?"福克又陷入了深思。

　　战争的炮火在世界各地蔓延，这更催促着福克研究的进程。为了达到预期的目的，福克开始了夜以继日的研究。在翻阅了大量的资料、探访了权威人物之后，福克终于研制出了子弹与螺旋桨同步的战斗机。

　　具有真正意义上的战斗机在一战时投入使用，据史料记载，德国的战斗机在一战时期击败了协约国 6000 余架飞机,从此,战斗机正式进入军事领域。

思维小故事

软件专家的电脑

　　托尼是位开发软件的电脑专家,近来他的运气很差,喝凉水都塞牙。因为连续几次开发软件都以失败告终,老板已经暗示他好几次了,再这样下去不仅他得滚蛋,连整个公司都得完蛋。因此托尼压力很大,想想这些年来自己的辉煌战绩,再看看目前的处境,他感到心灰意冷,请了假后就躲到他的别墅去了。

魔鬼一样的创造

他的手机不通,座机也打不通。担心他压力太大想不开做蠢事的老板就派人去别墅看他,结果去的人发现他死在他的电脑旁,便立刻向警方报了案。

当警方人员来到别墅后,发现托尼的电脑开着,屏幕上显示的是一份遗书,桌子上还倒着一个喝过咖啡的杯子。经检验,咖啡里边掺了毒。另外还发现地上的电脑的电源插头没插,死者死亡的时间是在两天前。最后警方确定这是一起凶杀案件,并不是死者自杀身亡的。

那么,警方是怎样确定的呢?

屏幕上显示的虽然是一份遗书,但电脑的电源插头没插,也就是说电脑用的是内存电池,而这种电池最长的工作时间为 10 小时。既然死的时间是两天前,那么电脑早该停止工作,也就不可能把遗书显示出来。

美丽的圆顶形建筑

"三角形是天然的最稳固的形状。"阿·伯克明斯塔·富勒的这一发现,成就了他的经典旷世之作——第 67 届世界博览会上的美国展馆。展馆是一个设计奇妙的圆顶形建筑,其"惊世骇俗"之处在于 762 米高的展馆没有一根着地的支柱支撑,而支撑的重任则落在无数个三角形支柱的肩膀上。这样堪称"神迹"的建筑在建筑学界掀起了"惊涛骇浪",四面八方的人们前来驻足观看,甚至有人用"鬼斧神工"来形容。

阿·伯克明斯塔·富勒是怎么样的一个人? 他是怎么想到建造一座如此别具一格的建筑的呢?

不知道是不是天妒英才,富勒小时候眼睛就不好,远视度数很高,而且还是斗鸡眼。当时认识他的人,可能谁都想不到长大后他会有如此高的成就,曾经嘲笑过他的人,看到了如今的他,会不会自叹弗如呢?

在富勒刚刚上小学的时候，一节美工课上，老师给每位同学都发了几根牙签和一些豌豆，让大家用这些东西搭建自己喜欢的建筑。这对于其他同学来讲是一件很简单的事情，但是小富勒却无法完成。他每次都只能搭出三角形，豌豆也一直握在手中，就像找不到归宿一样。

"怎么这么笨？只会摆三角形。快看，富勒摆的三角形多难看。"一个小朋友嘲笑着，引来了其他人的围观。

"人家喜欢三角形呗！"

"可能是他根本就不会摆别的形状吧！哈哈！"

面对同学的嘲笑，小富勒茫然无措，紧张得把手中的豌豆揉来揉去。

看到了这样的状况，老师走了过来。看到小富勒的"作品"，摸着他的小脑袋说："富勒摆的三角形很好呀！"

"老师，我只会摆三角形。"小富勒不好意思地说。的确，在小富勒的眼中，矩形都是胖胖的，怎么会摆出规整的形状呢？

"很好呀！你摆的三角形很稳固。老师觉得是最好的建筑模型。"

第一次得到老师肯定，看着周围同学投来的羡慕的目光，小富勒感受到了甜甜的喜悦。

不知道"滴答""滴答"的时钟走了多少圈，当年的小富勒已经长大成人。对数学以及建筑学非常感兴趣的他，在年轻的时候就发现了三角形的稳定性，并结合儿时的"建筑经历"，一个大胆的想法，变成一幅幅设计图跃然纸上。

一次与朋友们在沙滩上漫步，看到一只海龟。觉得海龟那椭圆形的背壳很漂亮。

"如果将建筑做成椭圆形的，岂不会很美丽？"

带着这样奇妙的构思，富勒开始设计图纸，他巧妙地运用三角形建筑构架，设计了一座又一座圆形建筑物。

可能富勒没有一个多姿多彩的童年，但是他却拥有辉煌的一生！

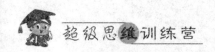

曲本刚的立体眼镜

几年前,立体电影迈着华丽的步伐走进我们的生活。观看立体电影让人有一种身临其境之感,更易融入电影情节。曲本刚,一名普通的中学生,让这样奇特的技术化身为一副平凡的眼镜走入了寻常百姓家。

当电影院在热映《魔术师的奇遇》这部电影的时候,曲本刚也赶了一次"潮流",享受了一次立体电影带来的视觉冲击。直到影片结束他还沉浸在这神奇的电影中。

"这样逼真的效果真的太难得了,这样看电影也能'全身心投入'嘛!真是太神奇了!"曲本刚和朋友一边交流心得一边对立体电影赞不绝口。回到家,似乎还是意犹未尽。

"妈妈,今天我和朋友一起看了一场立体电影,画面太逼真了,就像当时我就在故事里一样。如果能天天看立体电影就好了!"就像品了美酒一般,曲本刚回到家后绘声绘色地和妈妈讲。"可是,妈妈,为什么有的电影是立体的有的却不是呢?"

"傻孩子,那是由于电影的屏幕的不同呀!放映立体电影的时候是一种特殊的大屏幕,再戴上特制的眼镜,就会呈现出逼真立体的画面了。"

"原来是这样。"曲本刚若有所思地说,"如果能有一种眼镜,即使看普通的画面也能呈现立体的画面就好了。"

"哪有呀?还没听说这样的眼镜呢!等着我儿子去发明喽!"妈妈用玩笑的口吻说。

"没准我真的能发明出来呢!"曲本刚自信地说。

"嗯。妈妈相信你会发明出这样的眼镜,让妈妈也能在家享受立体电影。"

可能当时妈妈只是安慰曲本刚,但是,曲本刚却认真了,真的开始了对立体眼镜的研究。为了能有一些突破口,以后每次去电影院看立体电影的时候,他都会将眼镜摘下来研究。这样的日子持续了一年,虽然毫无收获,曲本刚却乐在其中。

一次在逛书店的时候，他意外看到一本名叫《眼屈光异常与配镜原理》的书。顿时让曲本刚有一种"众里寻他千百度，蓦然回首，那人却在灯火阑珊处"之感。去收银台结完账，他便回家仔细钻研这本书。

很快，曲本刚从书中汲取了精华。原来，想要利用眼镜形成立体之感，需要借助眼镜上的小孔。

"在眼镜上钻小孔，可以产生立体之感。可是，要钻多少呢？"这可就难倒了曲本刚了，书上又没有交代。

技术性的难题让曲本刚一筹莫展，他想起了"发明大王"爱迪生。

"爱迪生在发明灯泡的时候为了找到适合做灯丝的物质，做了无数次的尝试才成功，我也应该放开手去试试，'失败乃成功之母'嘛！"有了偶像作为动力，他开始进入了眼镜研究的"实战"阶段。

曲本刚找来一副眼镜和一个钢锥，用火将钢锥烧得红赤，在眼镜片上开始扎空。扎了一些之后，他戴上眼镜体验了一下，果然有一点立体的感觉。这大大地鼓舞了曲本刚。他接着在眼镜上扎眼，当 350 个小孔密密麻麻地排列在一个 150 毫米长的眼镜片上时，曲本刚擦擦头上的汗水，说："大功告成。"他找来了爸爸妈妈，为他的立体眼镜做首次"试镜"。当爸爸戴上曲本刚自制的立体眼镜看电视时，真的呈现了立体的画面。

曲本刚精心研究的立体眼镜，成为了眼镜制造业的一个新的里程碑！

"点石成金"

说到"点石成金"，可能你会想到魔法、仙术等虚幻故事中将一地的石头瞬间变成了价值连城的黄金的场面。当然，那都是影片导演与道具组人员的"功劳"。现实中怎么会有点石成金的事情呢？

19 世纪的时候，人们也不相信有人能够"点石成金"，但是法国化学家莫瓦桑却做到了！

"钻石恒久远，一颗永流传"。19 世纪的时候，钻石就已经成为昂贵的奢侈品，它的价值的一部分是因为数量稀少。很多的贵妇名媛都将钻石作为装饰品戴在身上，作为尊贵身份的象征。

其实钻石也就是金刚石，是一种比金子还要珍贵的东西。由于天然的金刚石稀少，虽然昂贵，市场上却往往出现"供不应求"的现象。

"金刚石有如此大的市场前景，可是'先天不足'，能不能人工铸造金刚石来满足市场的需求，让人们手中的石头变成金子呢？"面对"物以稀为贵"的市场现状，莫瓦桑提出了这样"惊世骇俗"的想法。

对于这样一项既有意义又有前景的研究，莫瓦桑充满了热情。

石墨和碳的有机结合，在一定的条件下就会转化成金刚石。经研究莫瓦桑发现，石墨和碳能否结合成金刚石，与它们所受的压力息息相关，二者结合需要极强大的压力。了解到这一点，莫瓦桑开始用尽各种方法对石墨和碳进行加压，但是每次都没有使它们变成金刚石。一次次的失败打击着这位年轻的化学家，却不能将他打倒。他坚持实验，并坚信肯定会找到一种方法"点石成金"的。

有时候走在时代前沿的人往往被人骂做疯子，就像周围有人知道莫瓦桑的想法，都说他是穷疯了，一个初来乍到的化学家竟然有着如此荒唐的想法。

"这就是现实版的癞蛤蟆想吃天鹅肉，就他还要研制钻石？"

"这小子没有读过书吧？不知道'自不量力'怎么写吧！"

"还真以为自己是上帝的儿子拥有神力呢？它能'点石成金'，公鸡都能下蛋了。"

面对这些资质比自己好，经验比自己多的教授们的冷言冷语，莫瓦桑没有反驳，没有争吵，只是默默走开，因为他知道，只有成功了才有发言权，现在说什么都只是徒劳无功，毫无用处。

为了寻找灵感，让自己的大脑换一个角度思考问题，莫瓦桑决定出去逛一逛。

冰天雪地，滑冰场自然是一个好去处。莫瓦桑在滑冰场转了一圈，看见一边围了很多人，便过去看个究竟。

原来是滑冰场的边缘部位有很多的碎冰块。见状，他便问了周围的人怎么回事。

"刚刚有管理员来向下面注水了,现在结冰了体积就小了,所以取一些冰块来填补。"

一语惊醒梦中人,听了这个人的话,莫瓦桑顿时眼前一亮。

"热胀冷缩原理,我怎么没想到呢?太好了,太好了!"不顾滑冰场所有人的目光,莫瓦桑跑回实验室,开始利用"热胀冷缩"的原理来给石墨和碳加压。

这时的莫瓦桑,距成功只有一步之遥。

莫瓦桑制作了一个特殊的实验装置,他将碳掺入到熔化的铁液中,将二者混合。然后,将烧红的铁液放入准备好的冷水中,伴随着一声嘶鸣,水蒸气冒出来了。这是铁液遇水之后变成了固体,与此同时产生的压力使"藏"在铁中的碳成为一颗颗晶亮的晶体。

"我成功了,我成功了!"成功的喜悦从实验室传出。从此以后,点石成金不再是神话故事里的片段,莫瓦桑做到了!虽然这样提炼的金刚石在色泽上有些"逊色"于天然的,但是,其欣赏及使用价值与天然金刚石不相上下。

从此以后,再也没有人说莫瓦桑自不量力了。每当提到莫瓦桑时,那些资深的化学家都会竖起大拇指说:"真是后生可畏呀!"

思维小故事

男爵之死

一英国男爵特别喜爱印度的瑜伽术,为此,他买下一所练功房,经常和4个印度人一起在里面练习瑜伽。出人意料的是,有一天男爵被发现死在练功房里。

事情是这样的:两星期前,男爵单独进入练功房做瑜伽修行,为了不受

外界干扰,他把门窗都从里面上了锁。由于瑜伽修行需要好几天时间,所以事先在练功房内已准备了充足的食物和水。

但是,两星期后他仍未出现,4个印度人向警方报告。警察赶来,撬开紧锁的门,才发现男爵已直挺挺地死在床上。旁边准备好的食物和水几乎都没动过。

练功房的门窗从里面上了锁,任何人都无法进去。天花板离地有15米高,床上正上方有一个方形的采光窗,窗上有铁栏杆,所以外面的人即使把窗上的玻璃卸下来,人也不可能钻进去。可以说,这间练功房几乎是一间与外界隔绝的密室。

那么,男爵为什么会饿死呢?当地警察查来查去也查不出原因,只好不了了之,认为男爵是绝食身亡。

男爵夫人对警方的这一结论大为不满,于是便请来了一位名侦探。名侦探立即前往练功房做现场调查,结果发现,男爵躺着的那张床在近期内有被移动过的痕迹。

"夫人,"名侦探说,"请问男爵是否有恐高症?"

"是的,他只要站到高处,就会恐惧得双腿打战,眼睛发直。"

"哦,既然如此,男爵不幸身亡的悬案也就可以了结了。"名侦探说完,立即通知警方逮捕那4个印度人。

请问,凶手为什么是这4个印度人呢?

参考答案

夜晚趁男爵在床上熟睡之际,4个印度人爬上练功房的屋顶,卸下采光窗玻璃,从铁栏杆之间放下4根头上系着钩子的绳子,分别钩住床的4只脚,然后把床连同睡在床上的男爵高高吊起。男爵有恐高症,被吊起来后惊吓而死。

两只小脚开轮船

"海上运输机"——轮船,是一种集客运货运功能于一身的交通工具,它的出现,很大程度上推进了社会进程,成为交通运输行业又一强大的"武器"。

"轮船之父"富尔敦,小时候是一个调皮可爱的孩子,学习不认真,脑袋里经常装着一些稀奇古怪的想法。虽然老师经常因为功课而责罚他,但是,他的聪敏机灵也深受老师们的喜爱。

富尔敦从小就酷爱画画,总是喜欢将自己的一些想法或者设计画出来。虽然有些古灵精怪,爸爸妈妈还是支持他的爱好,给他买了许多的画笔鼓励他画画。

夏日的阳光有些毒,照在身上火辣辣的。富尔敦想到了一个解暑的好去处——小河边。他瞒着家人一个人悄悄来到河边,正准备好好地嬉戏一番,看到岸边有一条小船,于是富尔敦便跳上小船,向河中心划去。

到了河中心,没停多久便刮起了大风。这让富尔敦措手不及。他慌乱地划桨,可无论怎么拼命地划,到岸边去总有一段距离,仿佛船根本没有靠岸的意思。急中生智,富尔敦跳下小船,游到了岸边。

惊魂未定的富尔敦上岸后,一直在想:"有大风的时候,顶着风划船无论如何都划不动,能不能有一种动力,让船自己向前行驶呢?"

夜里,无论富尔敦数多少只羊都还是睡不着,在小河边思考的那个问题一直萦绕在脑海中,挥之不去。

"安装一个什么样的东西可以让船自己前行呢?"一个大大的问号在富尔敦的脑袋上空,让他整夜无眠。

第二天早晨,富尔敦早早地起来,吃过了早餐便又来到小河边,发现昨天的那艘小船又停在了岸边,他毫不犹豫地跳上船,像昨天一样把船划到河中心,放下桨,挽起裤管坐在船边上,将脚放进河水里,自顾自地扑腾水。但是脑袋里却一直在思考那个困扰的问题。

"嘎嘎嘎"一群排着队在河中戏水的鸭子闯入了富尔敦的视线,它们时而快速前进,时而停下嬉戏。

当他看到这一切的时候,才发现自己经在偏离河中心很远的地方了。

"我没有划桨却离开了原地这么长的距离?"富尔敦站起来,看到鸭子的脚蹼在不停地翻腾着,游的速度很快。

"原来是我的脚! 在我不经意的时候就是在划船!"

"那么如果给船也装上'脚',不就可以不用划桨了吗?"

一连串的想法在富尔敦脑中呈现。他马上将船划到岸边,回家找出画笔,将自己的想法都画了出来。

看着画纸上被装上轮子的船,富尔敦高兴地叫道:"就是你了,就是你了!"

"轮子提供动力,再将像风车一样的桨片装在轮子上,只要轮子转动,桨片就会不停地拨水,这样船就会前进了!"

富尔敦在深入研究关于造船的相关资料后，结合自己的发现和想法，终于将图纸上的船变成了现实的轮船。

轮船，就这样走进了我们的生活。

为了激光，一生的努力

激光的发现到被人们所应用，经历了长达30年的漫长过程。

可能你会禁不住问："为什么呢？激光可是医学界中无影的手术刀，也是很多领域的'得力助手'，一经发现应该被'重用'的啊！"

激光是由美国科学家高尔登·古德发现的。虽然没有一经发现就被"重用"，但是，激光的发明却是20世纪最伟大的发明之一，它的"社会地位"是无人可取代的。

高尔登·古德出生在纽约市，从小爱好科学的他，到了大学的时候选择了物理学作为主修专业。很快，古德就被神奇的激光深深地吸引了。

诞生于第二次世界大战期间著名的"曼哈顿计划"，古德作为研究成员之一，让他对原子有了更深一层的认识。亲眼见过原子弹爆炸的人才会明白什么叫做"原子威力"，那段经历，让古德终生难忘，同时也激起了他研究这些神奇的光的意识。

当轴心国举起白旗投降之际，第二次世界大战以同盟国的胜利告终，和平和光明在世界的每个角落安家。古德也开始了自己的研究。他在攻读博士学位的同时担任着纽约市政学院的物理学教授。在工作和学习中不断积累关于光的资料，想要早日让这些威力无穷的光为人们服务。

一天，古德看书到深夜才准备入眠。不知道什么原因让他辗转反侧难以入睡，不知过了多久，古德终于进入了梦乡。可惜是一个噩梦，不久便被梦境中可怕的画面惊醒。他马上开灯，想要喝一杯水。

"啪"的一声灯开了，刺眼的灯光照着整间屋子，被灯光一起照亮的还有古德脑海里那片灰暗已久的关于光的研究领域。

"白炽灯的光如此的刺眼，如果换成别的颜色还会如此吗？"带着思考

与接下来的一连串的奇思妙想，一幅关于光的蓝图在古德的脑海中绘制出了雏形。

天蒙蒙亮的时候，古德已经按捺不住，马上去实验室对自己的想法进行实践。在不停的试验中，他创造了不同颜色的光，并细心研究它们的不同之处。日复一日，古德将研究的结果以及新的发现都记在一个笔记本上，方便日后的统计。

过了几天，古德终于带着欣慰的笑容从实验室里走出来。他来到一个卖日用品的街坊家，兴致勃勃地说："老板，我要求您做我的一个见证人。"

"见证？教授，有什么需要我来为您见证的？"老板一头雾水。

"这是我这些天的研究成果，"古德将笔记本拿给老板看，"如果光被像鲜花一样集合成一束束的，就会拥有意想不到神奇的力量。"他指着记得密密麻麻的笔记本说。

看着老板还是一脸懵懂，古德就滔滔不绝地将原理都讲给他听。

"嗯嗯，您慢点说。"老板被这闻所未闻的发现吸引，很认真地听着。

"就这样，将光集成一束，可以用来切割、加热等，由于激光很小，可以做到很精细，甚至可以在医学上为病人做手术。"

"除此之外呢？"老板听得入神。

"它还可以测量距离，就像宇宙中几颗星球之间的距离；还可以用于战争，作为新式武器。"古德兴致勃勃地讲着。

听了古德的讲解，老板被他的想法征服了，并觉得古德的研究会前程似锦，便在本子上工工整整地写上了时间、日期和自己的名字，以证明古德是第一个发现激光的人。

专利局虽然给了激光技术的专利，但是这时却没有任何一个人对激光重视。就这样，一项走在时代前沿的发明就这样被搁置了将近30年。

后来古德又发明了激光"金点子"，让被忽视多年的激光"摇身一变"，成为许多领域的"新宠"。

"等待"了多年的激光，终于可以在这个社会上"大展拳脚"了。

思维小故事

撒谎的肯特

　　肯特在圣诞之夜请他新结识的摩西小姐到一家饭店共进晚餐。摩西小姐聪明活泼,美丽动人,肯特十分爱慕。两人聊了一阵,肯特发现摩西小姐对自己不大感兴趣,两人不久就离开了饭店。饭后心情沮丧的他在街上闲遛,遇见了名探罗克。

魔鬼一样的创造

朋友罗克问他为什么心情沮丧,独自一人在街上闲逛?肯特说了宴请摩西小姐的事。罗克问他在餐桌上同摩西谈了些什么,肯特说:"我向她讲了一个我亲历的惊险故事。那是去年圣诞节前一天的早上,我和海军上尉海尔丁一同赶往海军在北极的气象观测站执行一项特别任务。那是一项光荣的任务,许多人想去都争取不到的。但可惜的是,我们在执行任务过程中,遇上了意外情况,海尔丁突然摔倒了,那是大腿骨折,情况十分严重。我赶紧为他包扎骨折部位。10分钟之后,更可怕的事情发生了,我们脚下的冰层开始松动了,我们开始脱离北极,随着水流向远方的大海漂去。我意识到这时我们已经是前途渺茫,随时随地都有生命危险。特别是此时天气异常寒冷,滴水成冰,如不马上生火取暖,我们都会被冻死的,但是火柴用光了。于是我取出一个放大镜,又撕了几张纸片,放在一个铁盒子上,铁盒子里装了一些其他取暖物。我用放大镜将太阳光聚焦后点燃了纸片,再用点燃了的纸片引燃了其他取暖物。感谢上帝,火燃烧起来了,拯救了我们的生命。更幸运的是,4小时后我们被一艘经过的快艇救了起来。人人都说我临危不惧,危急关头采取了自救措施,是个了不起的英雄。"

罗克听后大笑起来:"你说谎的本事太差了,摩西小姐没有对你嗤之以鼻,就已经够礼貌的了。"

肯特讲的海上遭遇有什么地方不对头?为什么罗克说肯特是在撒谎呢?

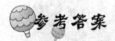参考答案

在圣诞节前天,肯特是无法利用太阳光在北极圈内生火的。因为从当年10月到大约第二年3月期间,北极圈里是没有阳光的。

中国人的骄傲——五笔输入法

在电脑诞生之初只有一种输入法,那就是英文输入法。英文虽然有成千

上万个单词,但却只有 26 个字母,在输入法的研究上要较汉字容易得多。

电脑在国防、商业、农业等诸多领域都有不可替代的作用,将电脑引入中国,已经是一种不可阻挡的趋势。但是,如何才能让输入汉字就像输入英文那样方便快捷呢?

一个艰巨且紧迫的任务"从天而降"——必须发明一种适合中国人使用的汉字输入法。

在经历了近 10 年的研究,五笔输入法"千呼万唤始出来",在十几亿中国人爱国热情的期待下问世了。

发明五笔输入法的是中国科协委员王永民。

王永民是朴实的农民的儿子,家在河南省。从小聪明好学的他于 1962 年被中国科技大学录取。选择了无线电电子学系的王永民毕业后在四川永川国防科委某军事部门工作。几年后,由于岗位调动,他又回到了家乡工作。

对于电脑领域的这块空白,王永民时刻放在心上。由于那时候还没有属于中国人自己的输入法,所以相关的研究工作只能引进外国的设备。这深深地刺激着王永民。

1977 年,河南引进了一台日本人发明的汉字照相排版植字机,虽然可以打字,但是弊端很多。最大的"硬伤"就是不能校对修改,如果打错了一个字,甚至想要修改一个标点符号,都要重新排版。为了应对这个问题,当地政府又花高价买了一台幻灯式键盘。幻灯键盘的主要部件是 24 张幻灯片。每张幻灯片都有 237 个字,每当找字的时候都要费一番工夫,十分麻烦。

为了解决输入法带来的一系列难题,让中国人能够尽早使用上自己的输入法,很多有志者都进行了不同的发明创造。就像诸子百家争鸣一样,各种各样的键盘被制造出来,99 键的,94 键的,一个键子代表多个汉字的等等。但是这些发明都没有解决实质上的问题。

王永民看到这样的现象,想要发明出一种简单的输入法的愿望愈加的强烈。

王永民开始了对输入法的潜心研究。键盘的简单与否与输入法息息

相关,他找来几名中学生,将收录在常用字典中的 11000 个字全部分别抄写在 11000 张卡片上,然后根据每个字的字根进行文字编码。

将所有的卡片都编码之后,王永民发现,竟然有 800 对重复的,照此看来,如果键盘分上下键,也需要将近 200 个键子。这样的键盘也实在太大了。从此,王永民便走上了压缩键位的艰辛路程。经过多年的努力,王永民终于将原来的 138 键压缩至 90 键,再到 62 键。

"如果能将 62 键再压缩至 26 键,那么中国的汉字输入就可以使用国际流行的键盘了。"带着这样的想法,王永民继续努力,终于在 1983 年 1 月,将五笔输入法带到了输入法的领域,并在此领域"独领风骚"。

经河南省科委组织鉴定,王永民首创的五笔输入法打破了输入汉字必须使用大键盘的"噩梦",这是科技的重大进步,它的诞生可以与古代发明活字印刷的贡献相提并论。

人生能有几个 10 年?我们无法改变生命的长度,却可以无限地拓展生命的宽度,让有限的生命绽放出无限的光芒。就像王永民用了数十年的时间只为心里的一个理想,他成功了,这份成功带给他的不仅是喜悦,更是让中国人能够使用上属于自己的输入法的成就感!

神奇的订书工具

订书器的出现让原本杂乱无序的纸张可以像大雁南飞的队形一样有秩序有章法。接触过物理学的人都知道,其实订书器是运用杠杆原理,让用力和做动都能最大化地得到利用,这样可以达到省力的目的。

在我们的学习生活中,订书器是一件很常见的工具,它方便将整理好的资料装订成册,避免了散落无章的麻烦。但是,你知道是谁发明了订书器吗?

清朝末年,有一个叫董强的年轻人。他非常喜欢读书,但是由于家境贫寒,没有多余的钱可供他买书。于是他就效仿古人宋濂,向有书的邻居朋友们借书读。每当遇见自己喜欢的章节,就抄写下来。久而久之,一张张抄好的纸就成为了董强视如珍宝的"书"了。

他将这些纸用绳子穿起来以防丢失。但是,时间久了,绳子就会坏掉。看着自己心爱的"书"面临着"流失"的危险,董强很是心疼。

"就没有一种绳子可以不烂掉吗?"这个疑问就像清早的大雾一般,在董强心头挥之不去。

一天傍晚,董强在胡同里遇见一个喝醉酒了的洋人。他心生一计。

"都说外国有很多技术,可能他们的书用不同的方式保存呢!"想到此他便壮着胆子问那个外国人:"你们的书可以保存多长时间?"

"书?"喝醉了的洋人晃晃悠悠的站着,"很久。可就是容易从中间断开,而且还很笨重。"

"那就没有别的什么方法避免吗?"

"想不断开就用金属丝绑,但是那样就更沉了。"

不知道是不是这个外国人喝醉了胡言乱语,但是他的这些话确实让董强的思想"另辟蹊径"。

"金属不易腐蚀更不容易烂。对,就用金属来装订纸张。"董强想着便找来一些质地较软的铜丝做实验,但是失败了。

一日,见到隔壁有木匠在修房子,他们用的 U 型的楔子可以将两根木头轻松地固定。

"用这样的东西来固定书籍,一定会很不错。"董强又开始了尝试,但是由于无法做到将金属弯曲后再固定书籍,这样实验又"破产"了。

但是董强没有放弃,他到处向工匠和学者请教学习,终于在 1874 发明了如今我们仍在使用的订书器。

虽然小型的订书器没有像大型订书器那样起到省力的作用,但是,却极大地方便了装订,成为日常生活中不可缺少的一员。

思维小故事

手枪哪去了

B 是十分喜欢恶作剧的人。有一天,他被发现死在一座积雪有 5 厘米厚的桥中央。实际上,他是自己用手枪自杀的,死亡的时间约是晚上 9 点钟。

不可思议的是,尸体旁边没有手枪,而桥上也只能看到 B 的足迹,手枪不可能被人拿走。

不过,大桥的栏杆有一处积雪被碰掉了,不知道是什么原因。但 B 在举枪自尽后,肯定会立即死亡,不可能由此处把枪扔到桥下。

那么，B 是用什么方法把枪藏起来的呢？藏到哪里去了？

参考答案

原来，B 先将绳子的一端系在手枪上，另一端系在一块比手枪重的石块上，再把石块吊在桥的栏杆下。

这么一来，手枪一离开自杀者的手之后，就因石块的重量而将它拉到桥下的河里。栏杆上的积雪之所以少一处，就是被绳子和手枪碰掉的。

悲惨的"电视之父"

除夕在喜庆的鞭炮声中如约而至，除了吃饺子，给压岁钱之外，看中央电视台的春节联欢晚会也成为了现在除夕夜必做的事情了。一家人围在电视机前面，享受天伦之乐。

电视机的奇妙之处在于其能够接受信号并呈现动态的、连续的画面。通过电视我们可以欣赏到精彩绝伦的联欢晚会，了解近期世界各地的政治局势，观看情节扑朔迷离的电影。电视给我们生活不仅带来了娱乐气息，更增添了获取信息的渠道。

那么，电视的缔造者是谁呢？

约翰·洛吉·贝尔德是第一个看到电视机成像的人，他在艰苦卓绝的环境研究出了电视机，后人为了纪念他，亲切地称他为"电视之父"。

学习电子技术的约翰·洛吉·贝尔德，毕业后在一家电子公司工作。工作期间，约翰·洛吉·贝尔德一直在研究扫描法传输电视图像。但是由于身体的健康每况愈下，到中年时，他不得不向老板递交了辞呈。

虽然约翰停止了早出晚归的工作，在家养病，却没有终止自己的理想。但是受身体的影响，研究工作一直没有什么大的进展。

直到他了解到一位科学家——马尼可，他发明的远距离无线电给了约翰很大的启示。

魔鬼一样的创造

"为什么我不试着用电波来传送图像呢？无论从哪方面讲,电波的性能都要比机械的性能'技高一筹'呀!"想到这,约翰放弃了自己原来的研究方向,开始在用电波来传导图像方面下苦功。

最初,约翰使用图片和硒板作为显像方式,可是无论如何都只能得到静止不动的画面。这个难题让约翰陷入了窘境。

为了研究电视的动态显像问题,约翰花光了自己的全部积蓄,身无分文的约翰不止一次向亲戚朋友借钱来买实验器材。但是在实验还未成功的时候,他就已经借不到一分钱了。穷困潦倒的约翰仍然坚持着自己年轻时的梦想。没有钱买新的器材,他就利用身边一切可以利用的东西:脸盆做框架,将马桶纸篓四周穿上小洞充当"扫描圆盆",再加上一些从废弃垃圾堆里捡回来的旧的电动机、透镜、破旧的投影仪等。约翰将一切捡回来的工具盒、原有的器械用胶水、电线和细绳连接在一起,拼凑成简单的实验装置。经过检验,约翰发现,想要呈现图像就必须将图片分割成许多的小点,再将其信号发射出去,在另一端重新接收后呈现。接着,约翰利用霓虹灯管、扫描盘、旧收音机、电热棒以及可以间断发电的磁波灯和光电管,经历了无数次实验之后,终于在1925年10月2日第一次看到了接收机中呈现的图像。

约翰拖着病体将电视机带给我们。在我们享受电视机带来的欢乐的同时,要向这位伟大的发明家致敬!

思维小故事

间谍 D 是滑雪高手

间谍 D 在 Y 国窃取情报后逃到高山上一座别墅里,Y 国反间谍人员立即出动,包围了这座别墅,但他们晚了一步,间谍 D 已经逃出了别墅。

他似乎是穿着滑雪板逃走的,在斜坡上可以清晰地见到滑雪板的痕

迹。奇异的是,这个痕迹一直通到面临深谷的悬崖边才不见了,而深谷中又没有 D 的尸体。这是 100 多米高的断崖绝壁,不管是什么样的滑雪高手,都不可能安全无恙地跳到谷底再逃走,肯定会摔死的。

但事后据可靠情报得知,间谍 D 确实是滑着雪橇从山谷逃走的。

他究竟是怎样逃走的呢?

 **参考答案**

间谍 D 在背上背了一个降落伞。等他滑到悬崖时,直接向前跳下去,背上的降落伞便打开了,于是他顺利地降落到谷底。因为跳伞对于一个间谍来说实在算不了什么。